# Logik und Algebra

## Eine praxisbezogene Einführung für Informatiker und Wirtschaftsinformatiker

von

Prof. Dr. Frank Staab

Duale Hochschule Baden-Württemberg,
Villingen-Schwenningen

2., überarbeitete Auflage

Oldenbourg Verlag München

Bibliografische Information der Deutschen Nationalbibliothek

Die Deutsche Nationalbibliothek verzeichnet diese Publikation in der Deutschen Nationalbibliografie; detaillierte bibliografische Daten sind im Internet über http://dnb.d-nb.de abrufbar.


Rosenheimer Straße 145, D-81671 München
Telefon: (089) 45051-0
www.oldenbourg-verlag.de



Lektorat: Dr. Stefan Giesen
Herstellung: Constanze Müller
Titelbild: Hyde & Hyde, München
Einbandgestaltung: hauser lacour
Gesamtherstellung: Grafik & Druck GmbH, München

Dieses Papier ist alterungsbeständig nach DIN/ISO 9706.

MIX
Papier aus verantwortungsvollen Quellen
FSC® C016439

ISBN 978-3-486-71697-9
eISBN 978-3-486-71753-2

*„Wird das Geschaute und Erlebte in der Sprache der* ***Logik*** *nachgebildet, so treiben wir Wissenschaft. Wird es durch Formen vermittelt, deren Zusammenhänge dem bewussten Denken unzugänglich, doch intuitiv als sinnvoll erkannt sind, so treiben wir Kunst."*

*(Albert Einstein, 1879–1955)*

*„Menschen, die von der* ***Algebra*** *nichts wissen, können sich auch nicht die wunderbaren Dinge vorstellen, zu denen man mit Hilfe der genannten Wissenschaft gelangen kann."*

*(Gottfried Wilhelm Leibniz, 1646–1716)*

# Vorwort

Die Stoffgebiete Logik und Algebra finden sich – zum Teil in unterschiedlicher Aufteilung und Zusammensetzung – in den Curricula nahezu aller Informatik- und Wirtschaftsinformatikstudiengänge. Sehr häufig sind diese Einführungsveranstaltungen jedoch sehr theorielastig. Insbesondere die Mathematisierung und Kalkülisierung der Logik lässt mögliche Anwendungsbezüge und das Aufzeigen der Relevanz für spätere Informatikvorlesungen meist völlig vermissen. So kommen viele Studenten zu dem Schluss, dass es sich bei dem vermittelten Stoff um ein Gebiet handelt, das lediglich zum Erwerb eines Scheines oder zum Bestehen der Klausur notwendig ist. Dies ist in zweifacher Hinsicht fatal: Erstens kann mit Fug und Recht behauptet werden, dass es sich hierbei um die grundlegenden Gebiete der Informatik schlechthin handelt. Ein Computer ist letztendlich nichts anderes, als in Hardware umgesetzte Boolesche Algebra. Ohne Verständnis dieser algebraischen Struktur kann man die Funktionsweise eines Rechners nie begreifen, und dazu sollte jeder Informatik- oder Wirtschaftsinformatikstudent in der Lage sein, auch dann, wenn sein Aufgabengebiet später nicht der Entwurf digitaler Schaltungen sein wird. Zweitens ist das Fehlen solcher Anwendungsbezüge auch deswegen schade, weil sie immer wieder auf der Hand liegen und damit zur Motivation für den sonst eher als „trocken" geltenden Stoff dienen könnten. Ein gutes Beispiel hierfür ist der auf der Mengenlehre aufbauende Begriff der Relation, welcher später grundlegend für das Verständnis relationaler Datenbanken ist. In diesem Buch werden – um bei diesem Beispiel zu bleiben – die Zusammenhänge zwischen Relationen, Funktionen und relationalen Datenbanken tiefer aufgezeigt, als dies üblicherweise in anderen, rein mathematisch orientierten Einführungswerken üblich ist. Ein weiteres Beispiel für den engen Zusammenhang zwischen formaler Logik und praktischer Informatikanwendungen liefert die Umsetzung der Prädikatenlogik erster Ordnung in die Programmiersprache PROLOG. Ziel dieses Buches ist daher, dem Leser klarzumachen, dass hier kein Stoffgebiet zum „Abhaken“ vermittelt wird, sondern dass wichtige Grundlagen für viele weitere Informatikvorlesungen gelegt werden.

Ein weiterer wesentlicher Unterschied zu anderen Einführungswerken ist der, dass die Vermittlung der Theorie nicht über die sonst für mathematische Einführungswerke meist typische Abfolge von „Definition, Satz, Beweis, …“ erfolgt, sondern sich eher an gut verständlichen Beispielen orientiert.

Die Stoffauswahl orientiert sich an der Modulbeschreibung für die Vorlesung *Logik und Algebra* der Dualen Hochschule in Baden-Württemberg. Die gleichnamige Vorlesung wird dort seit Jahren von mir gehalten. Selbstverständlich ist dieses Buch auch für alle anderen Studenten der Informatik und Wirtschaftsinformatik an Universitäten und Hochschulen interessant. Das Curriculum unterscheidet sich auf diesem Gebiet nicht wesentlich. Die folgende Frage, die mir von meinen Studenten nach einer Vorlesung immer wieder gestellt wird, dürfte wohl auch für andere Hochschulen typisch sein: „Gibt es dazu noch mehr Aufgaben?“ Deswegen habe ich mich bemüht, außer den Beispielen viele Übungsaufgaben in dieses Werk mit aufzunehmen. Die Lösungen zu den Aufgaben sind in Kapitel 6 Schritt für Schritt detailliert ausgeführt und nicht nur grob skizziert. Damit ist dieses Buch auch hervorragend zum Selbststudium geeignet.

Mein besonderer Dank gilt meiner Frau Miriam. Ihr kam, wie schon in der Vergangenheit bei ähnlichen Werken, wieder die anstrengende und abendfüllende Aufgabe zu, dieses Buch zu redigieren.

Königsfeld, im Mai 2012 Frank Staab

# Inhalt

# Abbildungsverzeichnis

# Tabellenverzeichnis

# 1 Einleitung

Der englische Philosoph und Politiker John Locke (1632–1704) definierte Logik als „Die Anatomie des Denkens". Unter Logik im engeren Sinne verstehen wir die Theorie die sich mit den Gesetzmäßigkeiten beschäftigt, wie man aus bestimmten Voraussetzungen korrekte Schlussfolgerungen zieht. Die Wurzeln der Logik finden wir in der Antike bei dem griechischen Philosophen Aristoteles. Hier sind die ersten Konzepte überliefert, aus der Sprache heraus Regeln zu begründen, in denen die Folgerung von Aussagen aus Prämissen eine zentrale Rolle spielt (Syllogistik). Allerdings befasste man sich in der Antike und später im Mittelalter ausschließlich mit umgangssprachlichen Argumenten bzw. mit der Klärung begrifflicher Zusammenhänge in der Umgangssprache. Die Logik war so zunächst eher Teilgebiet der Philosophie als der Mathematik. Die Formalisierung der Logik aus der Mathematik heraus erfolgte erst ab dem 19. Jahrhundert.

Wenn wir die Begriffe Logik und Algebra zusammen erwähnen wird klar, dass es im vorliegenden Werk um mathematische Logik geht. Algebraische Strukturen sind formale Systeme, die sich mit Mengen und Verknüpfungen innerhalb dieser Mengen beschäftigen. Aufbauend auf der Gültigkeit grundlegender Gesetzmäßigkeiten für diese Verknüpfungen, sogenannter Axiome, können weitere Gesetze abgeleitet werden. Die Aussagenlogik oder Aussagenalgebra ist ein solches formales System. Die Formalisierung der Logik als algebraische Struktur erfolgte durch George Boole (1815–1864). Nach ihm ist die Boolesche Algebra benannt, welche von zentraler Bedeutung für die gesamte Informatik ist.

Auch jeder Computerlaie weiß, dass die digitale Informationstechnik letztendlich auf die Verarbeitung, Speicherung und Übertragung lediglich zweier Signalzustände zurückzuführen ist. Wir bezeichnen diese zwei Signalzustände im Kontext der Informatik mit 0 und 1, im Kontext der Logik mit „wahr" und „falsch". Auf dieser Grundmenge können nun Operationen der Booleschen Algebra wie Addition, Multiplikation und Negation definiert und untersucht werden.

In Kapitel 2 dieses Buches beschäftigen wir uns zunächst mit der Aussagenlogik. Es erfolgt eine Herleitung der Verknüpfungsoperatoren der Aussagenlogik aus der Umgangssprache heraus. Die Wahrheit von zusammengesetzten Aussagen bestimmt sich dann aufgrund der Wahrheitswerte der Teilaussagen nach genau festgelegten Regeln. Wir entwickeln Methoden, wie unterschiedlich aussehende logische Ausdrücke ineinander überführt werden können und lernen mit der Theorie der Normalformen eine standardisierte Darstellung für logische Ausdrücke kennen. All dies sind wichtige Grundlagen, welche in unterschiedlichen Bereichen der Informatik, insbesondere beim Entwurf digitaler Schaltungen im Rahmen der Schaltalgebra (Kapitel 4), wieder aufgegriffen werden.

Forschungsarbeiten im Bereich der Logik hatten immer auch zum Ziel, Methoden zu entwickeln, welche den Vorgang der logischen Schlussfolgerung automatisieren oder die ein automatisches Beweisen der Gültigkeit von Aussagen erlauben. Solche Verfahren sind bei der Entwicklung von Computerprogrammen für den Forschungsbereich der Künstlichen Intelligenz sehr wichtig. Am Ende von Kapitel 2 wird mit dem Resolutionsmechanismus auf der Grundlage der Aussagenlogik ein solches Verfahren vorgestellt.

In Kapitel 3 lernen wir mit der Mengenalgebra eine weitere Boolesche Algebra kennen. Aufbauend auf dem Mengenbegriff werden Quantoren und Relationen erklärt. Beide Begriffe sind zum Verständnis der Erweiterung der Aussagenlogik zur Prädikatenlogik 1. Ordnung in Kapitel 5 wichtig. Darüber hinaus führt uns die Mengenalgebra zur Relationenalgebra als Grundlage für das Konzept relationaler Datenbanken und die Abfragesprache SQL. Die Grundstruktur einer relationalen Datenbank wird mit einem praktischen Beispiel erläutert.

In Kapitel 4 wird ausgehend von einer allgemeinen Definition der Booleschen Algebra die Schaltalgebra als Modell einer zweielementigen Booleschen Algebra vorgestellt. Wir lernen Methoden und Verfahren kennen, wie logische Ausdrücke und damit auch Schaltungsentwürfe vereinfacht und minimiert werden können. Der Praxisbezug wird über einfache Schaltungsentwürfe auf der Basis von Schaltgattern und Schaltnetzen hergestellt.

Im vorletzten Kapitel 5 erfolgt die schon angedeutete Erweiterung der Aussagenlogik zur Prädikatenlogik 1. Ordnung. Die Prädikatenlogik erlaubt die Darstellung der inneren Struktur von Sätzen, welche aussagenlogisch als atomar, also als nicht weiter zerlegbar, anzusehen sind. Prädikate drücken dabei Eigenschaften von Objekten aus oder sie beschreiben Beziehungen, die zwischen den Objekten bestehen. Nach Erweiterung des in Kapitel 2 eingeführten Resolutionsmechanismus auf die Prädikatenlogik haben wir die vollständigen Grundlagen für das Verständnis der KI-Programmiersprache PROLOG gelegt. Sie wird als Beispiel für praktische Informatikanwendungen herangezogen.

Im abschließenden Kapitel 6 finden sich umfangreiche und detaillierte Lösungshinweise zu den Übungsaufgaben der einzelnen Kapitel. Zum Teil wird die Aufgabenstellung dort auch noch einmal aufgegriffen, so dass der Leser nicht zum ständigen Hin- und Herblättern gezwungen ist.

# 2 Logik

## 2.1 Logik als Formalisierung der natürlichen Sprache

Häufig werde ich von Personalverantwortlichen, die auf der Suche nach Angestellten für den IT-Bereich sind, gefragt: „Welche Eigenschaft zeichnen eine gute Informatikerin oder einen guten Informatiker im Wesentlichen aus?“ oder „Auf welche Fähigkeit müssen wir bei der Einstellung von Personal für den IT-Bereich besonders achten?“. Meine Antwort darauf ist in der Regel folgende: „Neben einem hohen Maß an Abstraktionsvermögen ist dies mit Sicherheit die Fähigkeit, logisch denken zu können“. Worauf sich dann meist eine längere Diskussion darüber entspannt, wie man diese Eigenschaft testen, messen oder sonst nachweisen kann. Leider gibt es kein Schulfach mit dem Namen „Logik“ oder „Grundlagen des logischen Denkens“, so dass diese Fähigkeit nicht unmittelbar durch eine Zeugnisnote nachgewiesen werden kann.

Am ehesten – so behaupte ich zugegebenerweise unbewiesen – spiegelt sich die Fähigkeit logisch denken zu können in der Mathematiknote des Schulzeugnisses des jeweiligen Bewerbers wider. Andererseits ist die Fähigkeit, logisch einwandfrei begründete Schlussfolgerungen zu ziehen selbstverständlich auch in anderen Studiengängen von unmittelbarer Bedeutung und dies auch in solchen, die man nicht unbedingt mit „Mathematikkompetenz“ in Verbindung bringt. Logisch zu denken heißt schlichtweg, durch die logisch korrekte Verknüpfung von bisher gewonnenen Erkenntnissen für das jeweilige Wissensgebiet neue Erkenntnisse herzuleiten. Schöne Beispiele hierfür liefert immer wieder die Kriminalistik. Hier lassen wir uns beim Anschauen von Kriminalfilmen gelegentlich durch die lückenlos stichhaltigen Schlussfolgerungsketten von Kriminalbeamten beeindrucken, welche am Ende zweifelsfrei die Schuld eines Beklagten darlegen, ohne dass dieser ein Geständnis abgelegt hat. Im Regelfall gesteht der Beschuldigte dann aufgrund der erdrückenden Beweislast. Als einführendes Beispiel in die Grundlagen der Logik soll daher folgender Kriminalfall dienen:

Kommissarin Odenwald kommt mit ihrem Assistenten Harry frühmorgens zum Tatort. Der Besitzer einer Luxusvilla in einem noblen Frankfurter Stadtteil, der Produzent der beliebten Fernsehserie „Verbotene Triebe“, Robert van Oyen, liegt erschossen mitten im Wohnzimmer. Die Haushälterin, welche einen Schlüssel zum Anwesen hat und morgens um 10.00 Uhr das Haus zur Reinigung betrat, hat die Leiche gefunden und die Polizei alarmiert. Sie berichtet, dass sie am Abend vorher noch ein Buffet für eine Einladung vorbereiten musste, zu der vier Gäste geladen waren. Das waren einmal die Schauspielerin Verena nebst ihrem Gatten Max. Angeblich hatte van Oyen seit zwei Monaten ein Verhältnis mit Verena. Max selbst gilt als extrem eifersüchtig. Weiter waren die aufstrebenden Jungschauspieler Uwe und Kay eingeladen. Einer von beiden sollte die Hauptrolle in der Serie „Verbotene Triebe“ bekommen. Die Haushälterin selbst hat das Anwesen van Oyens nachweislich vor dem Eintreffen der Gäste verlassen und kommt als Täterin nicht in Frage, da sie für die Tatzeit ein Alibi hat. Andererseits, so erfährt die Kommissarin, war van Oyen so misstrauisch, dass er nie einem Fremden die Wohnung geöffnet hätte. Das gesamte Anwesen ist durch eine Alarmanlage gut gesichert und es gibt keinerlei Einbruchsspuren. Selbstmord kann durch die Spuren am Tatort ausgeschlossen werden. Einer der geladenen Gäste muss also der Täter gewesen sein.

Odenwald fragt die Haushälterin „Können Sie uns etwas mehr über die geladenen Gäste erzählen, ist es sicher, dass auch wirklich alle kommen wollten? Wie standen die Gäste eigentlich zueinander?“ Die Haushälterin kennt sich in der Szene bestens aus: „Also wenn Verena kam, dann kam sicher auch ihr Gatte Max, der war viel zu eifersüchtig, um sie alleine zu Robert zu lassen. Bei der Agentur, die Uwe und Kay betreut, habe ich noch angerufen, die sagten mir, dass auf jeden Fall einer der beiden kommt, vielleicht sogar beide. Allerdings, so fällt mir gerade ein, Max und Kay hatten mal einen Riesenkrach wegen einer Rollenbesetzung, seitdem war bekannt, dass Kay nie mehr auf eine Party geht, zu der auch Max kommt. Wenn Uwe allerdings kam, dann kamen auch immer Kay und Verena“. Kriminalassistent Harry stöhnt: „Wenn wir nur den Täterkreis etwas einschränken könnten, wer war denn nun an diesem Abend da und wer nicht?“. Odenwald überlegt kurz und lächelt: „Darauf kann ich dir eine eindeutige Antwort geben, … fahr schon mal den Wagen vor!“

Anscheinend war es Frau Kommissarin Odenwald möglich, aufgrund der Auswertung der Aussage der Haushälterin, also nur durch rein logisches Schließen, einen Hinweis auf den oder die Täter zu bekommen. Wir wollen die Lösung des Falles jedoch an dieser Stelle nicht vorwegnehmen. Vielmehr soll es die erste Übungsaufgabe für den Leser sein, die Lösung selbst zu erarbeiten. Wir werden nach entsprechender Aufbereitung der logischen Grundlagen wieder auf die Lösung dieses Falles zurückkommen.

## 2.2 Aussagenlogik

### 2.2.1 Grundlegende Verknüpfungen und Wahrheitstafeln

Grundbausteine der Aussagenlogik sind elementare Aussagen, die eindeutig als „wahr“ oder „falsch“ bewertet werden können, sowie deren Verknüpfungen mit logischen Operatoren wie „und“, „oder“ und „nicht“.

Schon der erste Teil des obigen Satzes stellt uns gelegentlich vor Probleme. Versuchen wir folgende Sätze als Aussagen zu bewerten:

(a) Berlin ist die Hauptstadt von Deutschland

(b) Rom ist die Hauptstadt von Frankreich

(c) Bonn wird wieder die Hauptstadt von Deutschland werden

Aussage (a) ist zurzeit eindeutig wahr. (b) ist zwar inhaltlich falsch, aber dennoch eine Aussage, da sie eindeutig mit „falsch“ bewertet werden kann. Bei (c) handelt es sich um keine Aussage im Sinne der Aussagenlogik. Eine eindeutige Bewertung der Behauptung mit „wahr“ oder „falsch“ ist zurzeit nicht möglich. Dies gilt auch für die Bewertung der Aussage im Jahr 1975: „Berlin wird wieder die Hauptstadt von Deutschland werden“. Wir halten fest:

**Aussage**

Aussagen sind nur Sätze, denen eindeutig ein Wahrheitswert zugewiesen werden kann.

Elementaraussagen werden von uns im Folgenden mit Kleinbuchstaben (a, b, c, ...) abgekürzt. Diese Buchstaben bezeichnen wir als *Aussagenvariable*, welche die Belegung „wahr“ (w) oder „falsch“ (f) annehmen können.

Im Rahmen der Aussagenlogik ist nun die Bewertung von verknüpften Elementaraussagen mit „wahr“ oder „falsch“ von Interesse. Wir vereinbaren folgende Abkürzungen für die Verknüpfungsoperatoren oder Junktoren:

| **Junktor** | **Abkürzung** | Bezeichnung |
|---|---|---|
| und | $\wedge$ | Konjunktion |
| oder | $\vee$ | Disjunktion |
| nicht | $\neg$ | Negation |

***Tab. 2.1**: Junktoren der Aussagenlogik*

Es geht nun um die Beurteilung des Wahrheitswertes von Aussagen, welche mit den oben angesprochenen Junktoren verknüpft sind. Beginnen wir mit einer durch „und“ verknüpften Aussage, also einer Konstruktion, welche sich formal folgendermaßen darstellt:

$a \wedge b$ (Konjunktion)

Um den Wahrheitswert einer mit „und“ verknüpften Aussage beurteilen zu können, greifen wir auf die obigen Aussagen (a) und (b) zurück:

„Berlin ist die Hauptstadt von Deutschland *und* Rom ist die Hauptstadt von Frankreich“

Hier ist leicht zu erkennen, dass obige Aussage in der Gesamtheit falsch ist und dies aufgrund der Tatsache, dass eine der Teilaussagen falsch ist. Der Wahrheitswert wird sich auch dann nicht ändern, wenn wir die Reihenfolge der Aussagen umdrehen. Allgemein lässt sich die „und“-Verknüpfung mithilfe einer *Wahrheitstafel* wie folgt darstellen:

| a | b | $a \wedge b$ |
|---|---|---|
| f | f | f |
| f | w | f |
| w | f | f |
| w | w | w |

***Tab. 2.2**: Wahrheitstafel zur „und"-Verknüpfung*

Die Wahrheitstafel macht eine Aussage über die Wahrheit eines komplexen Terms in Abhängigkeit der Wahrheitswerte der Elementaraussagen, welche durch Aussagenvariablen dargestellt werden. Im Falle der durch „und" verknüpften Aussagen a und b ist $a \wedge b$ nur dann wahr, wenn beide Teilaussagen für sich wahr werden, ansonsten ist $a \wedge b$ falsch.

Diese Tatsache entspricht auch weitgehend der Verwendung des Wortes „und" in der natürlichen Sprache. Es muss jedoch klar sein, dass im Bereich der formalisierten Logik von evtl. in der Umgangssprache vorhandenen temporalen Aspekten bei der Verwendung des Wortes „und" abgesehen wird. Trifft jemand die Aussage: „Der Täter überfiel die Bank und flüchtete mit dem Auto", so ist hier eine zeitliche Reihenfolge der Teilaussagen

(a) Der Täter überfiel die Bank

und

(b) Der Täter flüchtete mit dem Auto

impliziert, welche bei der Formalisierung im Rahmen der Aussagenlogik bedeutungslos ist. $a \wedge b$ ist in der Aussagenlogik immer gleichbedeutend mit $b \wedge a$.

Auch bei der Formalisierung von „oder" mithilfe der Wahrheitstafel müssen wir von gewissen umgangssprachlichen Unschärfen absehen bzw. diese präzisieren. Trifft jemand die Aussage: „Heute Abend gehe ich ins Kino *oder* Pizza essen", geht der Zuhörer vermutlich davon aus, dass der Erzähler nur eines von beiden macht. Präzise hätte obige Aussage in der Umgangssprache auch folgendermaßen formuliert werden können: „*Entweder* gehe ich heute Abend ins Kino *oder* ich gehe Pizza essen". In der Logik wird das normale „oder" damit streng vom „entweder...oder" unterschieden. Beim normalen „oder" ist die Gesamtaussage auch dann wahr, wenn beide Teilaussagen wahr werden. Die Wahrheitstabelle stellt sich somit wie folgt dar:

| a | b | $a \vee b$ |
|---|---|---|
| f | f | f |
| f | w | w |
| w | f | w |
| w | w | w |

***Tab. 2.3**: Wahrheitstafel zur „oder"-Verknüpfung*

Als letztes betrachten wir den Operator „nicht“. Im Gegensatz zu „und“ und „oder“ handelt es sich hierbei um einen einstelligen Operator, da wir nicht zwei Aussagen miteinander verknüpfen, sondern nur eine Aussage damit negieren. Umgangssprachlich ist uns die Verwendung des Wortes „nicht“ zwar geläufig, allerdings ist die Satzstellung oft eine völlig andere. So wird die Aussage:

„Rom ist nicht die Hauptstadt von Frankreich“

von uns zunächst wie folgt umformuliert

„Es ist nicht wahr, dass Rom die Hauptstadt von Frankreich ist“

bevor sie folgendermaßen formalisiert wird

¬(Rom ist die Hauptstadt von Frankreich)

Bezeichnen wir die Aussage „Rom ist die Hauptstadt von Frankreich“ mit a, wäre damit ¬a wahr.

Die Wahrheitstafel zum „nicht“-Operator sieht folgendermaßen aus:

| **a** | **¬a** |
|---|---|
| f | w |
| w | f |

***Tab. 2.4:*** *Wahrheitstafel zur Negation*

## 2.2.2 Implikation und Äquivalenz

Das einführende Beispiel zu diesem Kapitel, der Mordfall in der Nobelvilla, beschäftigt sich schon mit dem Begriff des logischen Schließens. Umgangssprachlich ist das Schließen von einem Sachverhalt auf einen anderen meist mit der Formulierung „wenn ... dann“ verbunden. Eine Mutter sagt zu ihrem kleinen Kind: „Wenn du an den heißen Ofen greifst, dann verbrennst du dir die Hand“. Formalisiert werden kann diese Aussage, indem wir zunächst die Elementaraussagen identifizieren. Es sei:

(a) Du greifst an den heißen Ofen

(b) Du verbrennst dir die Hand

Was uns nun noch fehlt ist ein Operator für die „wenn ... dann“-Beziehung. In der Logik wird dieser Operator als *Implikation* bezeichnet und mit dem Implikationspfeil „→“ abgekürzt. Formalisiert würde dann obiger Sachverhalt durch

$a \rightarrow b$

Die Wahrheitstafel für die Logische Implikation sieht somit wie folgt aus:

| **a** | **b** | **a → b** |
|---|---|---|
| f | f | w |
| f | w | w |
| w | f | f |
| w | w | w |

***Tab. 2.5**: Wahrheitstafel zur Implikation*

Intuitiv klar sind die zwei letzten Zeilen, welche besagen, dass aus etwas Wahrem unter Anwendung der Gesetze der Logik nie etwas Falsches, sondern immer etwas Wahres folgt. Schwerer zu verstehen sind die ersten beiden Zeilen der Tabelle, welche aussagen, dass aus einer falschen Voraussetzung nicht notwendigerweise eine falsche Aussage gefolgert werden muss, sondern durchaus auch eine wahre Aussage gefolgert werden kann. Versuchen wir das mit einem Beispiel zu erhellen, welches auch im weiteren Verlauf des Buches noch einmal aufgegriffen wird.

**Beispiel**

Niemand wird wohl an der Gültigkeit der folgenden Regel zweifeln: „Wenn die Katze einer Maus den Kopf abbeißt, dann stirbt die Maus".

Wir identifizieren hier die folgenden beiden Elementaraussagen

(a) Die Katze beißt der Maus den Kopf ab

(b) Die Maus stirbt

Nehmen wir an, die Katze beißt der Maus den Kopf nicht ab, womit Aussage (a) falsch wäre. Nun kann es zwar sein, dass die Maus weiterlebt, Aussage (b) somit auch falsch wird und wir damit Zeile 1 obiger Wahrheitstafel (f → f = w) belegen können. Falls jedoch die Maus unmittelbar darauf von einem Auto überfahren wird, wird Aussage (b) trotzdem wahr, und dies, obwohl (a) falsch ist. Dies entspricht Zeile zwei (f → w = w) der obigen Wahrheitstafel.

Die Zeilen drei und vier sind leicht zu verifizieren, da man kaum lebende Mäuse ohne Kopf zu Gesicht bekommt. Aus a = w folgt also zwingend b = w (w → w = w) und a = w → b = f muss von daher immer falsch sein.

Leichter zu verstehen ist die letzte hier betrachtete logische Verknüpfung, die logische *Äquivalenz*. Sie ist immer genau dann wahr, wenn sich die Wahrheitswerte der beiden Teilaussagen entsprechen, d.h. wenn sie *äquivalent* sind:

| a | b | $a \leftrightarrow b$ |
|---|---|---|
| f | f | w |
| f | w | f |
| w | f | f |
| w | w | w |

***Tab. 2.6**: Wahrheitstafel zur Äquivalenz*

Bei der Formulierung mathematischer Sätze übersetzen wir die Äquivalenz mit der Formulierung „genau dann, wenn". Aus der Mathematik kennen wir auch die alternativen Schreibweisen für die Implikation und Äquivalenz. Statt den Einfachpfeilen werden hier üblicherweise Doppelpfeile verwendet. Also statt „$\rightarrow$" wird „$\Rightarrow$" geschrieben und statt „$\leftrightarrow$" „$\Leftrightarrow$".

Mithilfe der bisher hergeleiteten Operatoren gelingt es uns nun, komplexere Aussagen zu formulieren und diese mithilfe der Wahrheitstafeln auf ihren Wahrheitswert zu untersuchen.

**Beispiel**

Ein besorgter Student bekommt von seinem Dozenten den Rat: „Wenn Sie jeden Tag mindestens eine Stunde Logik lernen, dann bestehen Sie die Klausur". Der Student kennt sein Freizeitverhalten, wendet sich resigniert ab und denkt: „Da ich täglich nie mindestens eine Stunde Logik lerne, kann ich die Klausur nicht bestehen". Denkt dieser Student logisch?

Zur genaueren Analyse des Sachverhaltes identifizieren wir zunächst die Teilaussagen:

(a) Der Student lernt jeden Tag mindestens eine Stunde Logik

(b) Der Student besteht die Klausur

Dann ist die formale Darstellung von „Wenn Sie jeden Tag mindestens eine Stunde Logik lernen, dann bestehen Sie die Klausur":

$$a \rightarrow b$$

Der Student schließt daraus, dass dies gleichbedeutend mit

$$\neg a \rightarrow \neg b$$

ist. Dies ist jedoch offensichtlich falsch, wie uns die Wahrheitstafel zeigt:

| a | b | $a \rightarrow b$ | $\neg a$ | $\neg b$ | $\neg a \rightarrow \neg b$ |
|---|---|---|---|---|---|
| f | f | w | w | w | w |
| f | w | w | w | f | f |
| w | f | f | f | w | w |
| w | w | w | f | f | w |

***Tab. 2.7**: Wahrheitstafel für $a \rightarrow b$ und $\neg a \rightarrow \neg b$*

Eine andere Schlussfolgerung wäre dagegen aus der Gültigkeit von a → b durchaus zulässig gewesen. Nehmen wir an, der Student wäre tatsächlich durch die Klausur gefallen. Er begegnet am Tag darauf wieder seinem Dozenten und berichtet ihm von seinem Misserfolg. Dieser wird den Studenten dann ermahnen: „So, Sie haben also nicht jeden Tag mindestens eine Stunde Logik gelernt!“ Diese Folgerung ist absolut zulässig, denn es gilt tatsächlich:

$$a \rightarrow b \leftrightarrow \neg b \rightarrow \neg a$$

Auch dies kann leicht über die Wahrheitstafel nachgewiesen werden:

| a | b | a → b | ¬a | ¬b | ¬b → ¬a |
|---|---|---|---|---|---|
| f | f | w | w | w | w |
| f | w | w | w | f | w |
| w | f | f | f | w | f |
| w | w | w | f | f | w |

***Tab. 2.8**: Wahrheitstafel für a → b und ¬ b → ¬ a*

Es kann nun durchaus sein, das manche Leser obigen Umkehrschluss mit der Begründung anzweifeln, dass es doch auch andere Ursachen dafür geben kann, dass der Student durchgefallen ist, und dies, obwohl er jeden Tag eine Stunde Logik gelernt hat. Vielleicht war er an diesem Tag krank? Hierzu lässt sich entgegnen, dass dann die Behauptung des Dozenten: „Wenn Sie jeden Tag mindestens eine Stunde Logik lernen, dann bestehen Sie die Klausur“ auch falsch gewesen wäre. Sie ist vermutlich als universelles Patentrezept zum Bestehen einer Klausur tatsächlich auch anzuzweifeln. Mit dem eindeutigeren Beispiel: „Wenn eine Katze einer Maus den Kopf abbeißt, dann stirbt die Maus“ kann die Äquivalenz von a → b ↔ ¬b → ¬a besser verdeutlicht werden. Wenn man eine lebende Maus im Garten sieht, kann man definitiv immer schließen: Dieser Maus hat die Katze *nicht* den Kopf abgebissen.

## 2.2.3 Syntax und Semantik der Aussagenlogik

Bisher haben wir die Grundlagen der Logik weitgehend aus der Umgangssprache abgeleitet. Für die weitere Betrachtung und Analyse logischer Gesetzmäßigkeiten ist eine exaktere Fundierung der Syntax und Semantik der Aussagenlogik nötig. Die *Syntax* gibt hierbei an, wie formal korrekte Formeln gebildet werden können. Sie ist also vergleichbar mit der Grammatik einer Sprache, und sagt damit nichts über die inhaltliche Bedeutung der Sätze aus. Die *Semantik* dahingegen geht auf die inhaltliche Bedeutung syntaktisch korrekter Strukturen ein. Im Rahmen der Aussagenlogik bezieht sich diese Interpretation jedoch nur auf die Bewertung von Aussagen als „wahr“ oder „falsch“ aufgrund festgelegter Gesetzmäßigkeiten, der eigentliche Sinn der Elementaraussagen wird dabei nicht hinterfragt.

### Syntax der Aussagenlogik

Grundlage jeder aussagenlogischen Formel F sind atomare Aussagen $x_i$ ($i = 1, \ldots, n$), welchen eindeutig ein Wahrheitswert $W \in \{w, f\}$ zugewiesen werden kann. Aus diesen werden syntaktisch korrekte Formeln auf folgende Art und Weise gebildet:

1. Alle atomaren Aussagen $x_i$ sowie w und f sind korrekte Formeln
2. Sind a und b Formeln, dann sind auch $(a \wedge b)$ und $(a \vee b)$ Formeln
3. Ist a eine Formel, dann ist auch $\neg a$ eine Formel

### Beispiel

Syntaktisch korrekte Formeln sind

$F_1 = w$

$F_2 = ((x_1 \wedge x_2) \vee \neg x_3)$

$F_3 = \neg(\neg(x_1 \vee x_2) \vee \neg(x_3 \wedge x_4))$

Syntaktisch nicht korrekte Formeln sind

$F_4 = ((x_1 \wedge x_2) \neg\vee x_3$

$F_5 = \neg(x_1 \vee \wedge x_2)$

Sie lassen sich gemäß obiger Regeln 1. bis 3. nicht bilden.

### Semantik der Aussagenlogik

Eine inhaltliche Bedeutung bekommen die nach obigen Regeln gebildeten Zeichenreihen $F(x_1, x_2, \ldots, x_n)$, im Folgenden *logische Formeln* oder *logische Funktionen* genannt, durch die Zuordnung von Wahrheitswerten zu den atomaren Aussagen $x_i$. Dies bezeichnen wir als *Belegung* B der Formel. Die Belegung der Formel ist somit eine Abbildung aus der Menge der Atome in die Menge {w, f}. Der Wahrheitswert $W_B$ von F bestimmt sich dann in Abhängigkeit der Belegung B. Ist $x_i$ eine atomare Aussage, im Folgenden auch Aussagenvariable genannt, so gilt:

$W_B(x_i) = w$, falls $B(x_i) = w$

$W_B(x_i) = f$ , falls $B(x_i) = f$

Sind F und G logische Formeln so gilt:

1. $$W_B(F \wedge G) = \begin{cases} w, \text{ falls } W_B(F) = w \text{ und } W_B(G) = w \\ f, \text{ sonst} \end{cases}$$

2. $$W_B(F \vee G) = \begin{cases} w, \text{ falls } W_B(F) = w \text{ oder } W_B(G) = w \\ f, \text{ sonst} \end{cases}$$

3. $$W_B(\neg F) = \begin{cases} w, \text{ falls } W_B(F) = f \\ f, \text{ sonst} \end{cases}$$

**Erfüllbarkeit, Tautologie und Widerspruch**

Eine im Bereich der Aussagenlogik wichtige Frage ist die nach der *Erfüllbarkeit* einer aussagenlogischen Formel $F(x_1, x_2, \ldots, x_n)$. Diese Frage beschäftigt sich damit, ob es für eine gegebene aussagenlogische Formel F eine Belegung B gibt, für die gilt: $W_B(F) = w$. Bei der Untersuchung dieser Frage gibt es zwei Sonderfälle:

Die aussagenlogische Formel F wird für *jede* mögliche Belegung B wahr. Ist dies der Fall, so bezeichnen wir die Formel F als *Tautologie.*

Es gibt keine einzige Belegung B, für die F wahr wird. Ist dies der Fall, so bezeichnen wir die Formel als *widerspruchsvoll.*

Das bekannteste Beispiel für eine Tautologie ist wohl die folgende Wettervorhersage: „Morgen regnet es oder Morgen regnet es nicht". Formal stellt sich dieses Grundmuster für eine Tautologie wie folgt dar:

$$F = (a \vee \neg a)$$

Dieses Beispiel lässt sich durch die Änderung des Operators von $\vee$ zu $\wedge$ leicht in das Grundmuster einer widerspruchsvollen Formel umformen:

$$F = (a \wedge \neg a)$$

Die Aussage: „Morgen regnet es und Morgen regnet es nicht" könnte dabei umgangssprachlich jedoch missverständlich interpretiert werden, da auch sie im zeitlichen Ablauf des Tages als wahr verstanden werden kann und zwar dann, wenn es am Vormittag regnet und am Nachmittag die Sonne scheint. Besser ist hier ein deutlicheres Beispiel für eine widerspruchsvolle Formel wie folgendes: „Ich bestehe die Klausur und ich bestehe die Klausur nicht". Intuitiv leuchtet die Gültigkeit des folgenden Satzes ein:

Ist F eine Tautologie, dann ist $\neg F$ widerspruchsvoll.

### 2.2.4 Tautologien und logische Gesetzmäßigkeiten

Aufgefallen ist dem Leser vielleicht, dass die im vorigen Abschnitt hergeleiteten Operatoren für die Implikation (→) und die Äquivalenz (↔) nicht bei der Definition der Syntax und Semantik der Aussagenlogik aufgetaucht sind. Dies ist jedoch auch nicht nötig, da sie immer auch mit Hilfe von „und", „oder" und „nicht" ausgedrückt werden können. Es gilt hierbei:

a → b lässt sich immer ausdrücken durch ¬a ∨ b und umgekehrt, d.h.

(a → b) ↔ (¬a ∨ b) ist Tautologie

Dieser Sachverhalt lässt sich mit einer Wahrheitstafel beweisen:

| a | b | a → b | ¬a | ¬a ∨ b |
|---|---|---|---|---|
| f | f | w | w | w |
| f | w | w | w | w |
| w | f | f | f | f |
| w | w | w | f | w |

***Tab. 2.9:*** *Wahrheitstafel für a → b und ¬ a ∨ b*

Die beiden grau hinterlegten Spalten sind identisch. Somit ist die oben behauptete Äquivalenz bewiesen. Da es sich hierbei um einen rein formalen Beweis handelt, ist es interessant zu untersuchen, ob diese Aussage auch mit unserer inhaltlichen Interpretation der aussagenlogischen Formeln in der Umgangssprache übereinstimmt. Erinnern wir uns an die Aussage:

„Wenn du an den heißen Ofen greifst, dann verbrennst du dir die Hand"

Dies wurde nach Identifikation der Teilaussagen:

(a) Du greifst an den heißen Ofen

(b) Du verbrennst dir die Hand

umgesetzt in a → b. Wird dies wiederum umgesetzt in ¬a ∨ b entspricht das der Aussage:

„Greife nicht an den heißen Ofen oder du verbrennst dir die Hand".

Offensichtlich sind diese beiden Aussagen gleichwertig.

Für die logische Äquivalenz a ↔ b ist die Umsetzung in ∧, ∨ und ¬ wie folgt:

a ↔ b lässt sich immer ausdrücken durch (a ∧ b) ∨ (¬a ∧ ¬b) und umgekehrt, d.h.

(a ↔ b) ↔ (a ∧ b) ∨ (¬a ∧ ¬b) ist eine Tautologie.

Diese Tautologie kann ebenfalls leicht mithilfe einer Wahrheitstafel bewiesen werden. Dies gilt auch für alle Beweise der Tautologien in der folgenden Tabelle, welche die wichtigsten der von uns im Folgenden benötigten logischen Gesetzmäßigkeiten auflistet.

| | Name | Tautologie |
|---|---|---|
| 1. | Idempotenzgesetze | $a \wedge a \leftrightarrow a$<br>$a \vee a \leftrightarrow a$ |
| 2. | Kommutativgesetze | $a \wedge b \leftrightarrow b \wedge a$<br>$a \vee b \leftrightarrow b \vee a$ |
| 3. | Assoziativgesetze | $(a \wedge b) \wedge c \leftrightarrow a \wedge (b \wedge c)$<br>$(a \vee b) \vee c \leftrightarrow a \vee (b \vee c)$ |
| 4. | Absorptionsgesetze | $a \wedge (a \vee b) \leftrightarrow a$<br>$a \vee (a \wedge b) \leftrightarrow a$ |
| 5. | Distributivgesetze | $a \wedge (b \vee c) \leftrightarrow (a \wedge b) \vee (a \wedge c)$<br>$a \vee (b \wedge c) \leftrightarrow (a \vee b) \wedge (a \vee c)$ |
| 6. | Doppelte Negation | $\neg(\neg a) \leftrightarrow a$ |
| 7. | DeMorgansche Regeln | $\neg(a \wedge b) \leftrightarrow \neg a \vee \neg b$<br>$\neg(a \vee b) \leftrightarrow \neg a \wedge \neg b$ |

***Tab. 2.10**: Gesetze der Aussagenlogik*

Obwohl obige Gesetze leicht über Wahrheitstafeln bewiesen werden können, ist es zum Teil nicht immer einfach, inhaltlich plausible Beispiele für deren Gültigkeit aus der Umgangssprache heraus zu finden.

Zum Abschluss dieses Kapitels wollen wir noch einmal auf den Mordfall in der Nobelvilla zurückkommen. Wir haben nun das Handwerkszeug, um den Fall formal eindeutig zu lösen.

Die Haushälterin sagte: „Also wenn Verena kam, dann kam sicher auch ihr Gatte Max, der war viel zu eifersüchtig, um sie alleine zu Robert zu lassen. Bei der Agentur, die Uwe und Kay betreut, habe ich noch angerufen, die sagten mir, dass auf jeden Fall einer der beiden kommt, vielleicht sogar beide. Allerdings, so fällt mir gerade ein, Max und Kay hatten mal einen Riesenkrach wegen einer Rollenbesetzung, seitdem war bekannt, dass Kay nie mehr auf eine Party geht, zu der auch Max kommt. Wenn Uwe allerdings kam, dann kamen auch immer Kay und Verena“.

Aufgabe der Kommissarin ist es, den Täterkreis soweit wie möglich einzuschränken, also die Frage zu lösen, wer Robert van Oyen an dem besagten Abend tatsächlich besucht hat. Wir formalisieren hierzu die Aussagen durch die Einführung der folgenden Variablen:

v steht für die Aussage „Verena war am Tatort“

m steht für die Aussage „Max war am Tatort“

u steht für die Aussage „Uwe war am Tatort“

k steht für die Aussage „Kay war am Tatort“

Aus den Aussagen der Haushälterin ergeben sich folgende Formalisierungen:

| Aussage | Formalisierung |
|---|---|
| „... wenn Verena kam, dann kam sicher auch ihr Gatte Max ..." | $v \rightarrow m$ |
| „Bei der Agentur, die Uwe und Kay betreut, habe ich noch angerufen, die sagten mir, dass auf jeden Fall einer der beiden kommt, vielleicht sogar beide" | $u \vee k$ |
| „...seitdem war bekannt, dass Kay nie mehr auf eine Party geht, zu der auch Max kommt". | $m \rightarrow \neg k$ |
| „Wenn Uwe allerdings kam, dann kamen auch immer Kay und Verena" | $u \rightarrow (k \wedge v)$ |

Gehen wir davon aus, dass die Haushälterin die Wahrheit sagt. Dies bedeutet, dass alle vier von ihr gemachten Aussagen wahr sein müssen. Die Lösung des Kriminalfalls reduziert sich damit auf die Frage, für welche der möglichen Belegungen von v, m, u und k der folgende Ausdruck wahr wird:

$$F(v, m, u, k) = (v \rightarrow m) \wedge (u \vee k) \wedge (m \rightarrow \neg k) \wedge (u \rightarrow (k \wedge v))$$

Dies können wir mit Hilfe einer Wahrheitstafel tun:

| Variante | v | m | u | k | $\neg k$ | $k \wedge v$ | $v \rightarrow m$ | $u \vee k$ | $m \rightarrow \neg k$ | $u \rightarrow k \wedge v$ |
|---|---|---|---|---|---|---|---|---|---|---|
| 1 | f | f | f | f | w | f | w | f | w | w |
| 2 | f | f | f | w | f | f | w | w | w | w |
| 3 | f | f | w | f | w | f | w | w | w | f |
| 4 | f | f | w | w | f | f | w | w | w | f |
| 5 | f | w | f | f | w | f | w | f | w | w |
| 6 | f | w | f | w | f | f | w | w | f | w |
| 7 | f | w | w | f | w | f | w | w | w | f |
| 8 | f | w | w | w | f | f | w | w | f | f |
| 9 | w | f | f | f | w | f | f | f | w | w |
| 10 | w | f | f | w | f | w | f | w | w | w |
| 11 | w | f | w | f | w | f | f | w | w | f |
| 12 | w | f | w | w | f | w | f | w | w | w |
| 13 | w | w | f | f | w | f | w | f | w | w |
| 14 | w | w | f | w | f | w | w | w | f | w |
| 15 | w | w | w | f | w | f | w | w | w | f |
| 16 | w | w | w | w | f | w | w | w | f | w |

In diesem Fall haben wir Glück: Nur bei Variante 2 werden alle 4 Aussagen gleichzeitig wahr. Das heißt, dass Kay an dem besagten Abend der einzige Besucher von Robert van Oyen war und damit auch der Mörder sein muss.

Allerdings lässt sich dieser Fall auch schnell über eine Schlussfolgerungskette ohne obige Wahrheitstafel lösen. Aus der Tatsache, dass Uwe oder Kay nach Aussage der Agentur an jenem Abend auf jeden Fall kamen, können folgende Schlussfolgerungen gezogen werden:

Wenn Uwe kam, dann müssen auch Kay und Verena gekommen sein, wenn Verena kam, dann kam auch Max. Dies steht aber im Widerspruch zu der Tatsache, dass Kay da war. Also kann von Uwe und Kay nur Kay am Tatort gewesen sein. Die zusätzliche Anwesenheit von Verena oder Max oder beiden ist mit obiger Schlussfolgerungskette ebenfalls ausgeschlossen. Somit ist klar, dass Kay alleine am Tatort war.

# 2.3 Normalformen

Aus dem Bereich der Mathematik kennen wir gewisse Vorrangregeln für das Aufschreiben und Auswerten mathematischer Terme, so z.B. die Regel „Punktrechnung kommt vor Strichrechnung“. Diese Regel erlaubt uns das Weglassen von Klammern, ohne dass der Term dadurch falsch interpretiert wird. Ebenso haben wir uns angewöhnt, den Operator für die Multiplikation ganz wegzulassen. Dies führt zu einer wesentlich übersichtlicheren Schreibweise.

Statt $f(x) = (5 * x) + (3 * x^2)$ schreiben wir $f(x) = 5x + 3x^2$

Solche Vorrangregeln wollen wir ebenfalls für die logischen Funktionen einführen.

**Vorrangregeln**

1. Klammerausdrücke „( )“ werden zuerst ausgewertet.
2. Die Negation „$\neg$“ bindet stärker als das und „$\wedge$“. Dieses bindet wiederum stärker als das oder „$\vee$“.
3. Das Zeichen für das „$\wedge$“ kann weggelassen werden. Dies erfolgt zwar analog dem Weglassen des Multiplikationsoperators in der Arithmetik. Es muss an dieser Stelle jedoch erwähnt werden, dass diese Vereinbarung im Kontext der Aussagenlogik völlig willkürlich erfolgt, da das Distributivgesetz hier im Gegensatz zur uns bekannten Arithmetik wechselseitig gültig ist!
4. Folgen gleiche Verknüpfungen hintereinander, so wird der Term von links nach rechts ausgewertet.

**Beispiele**

(1) $a \wedge b = ab$

(2) $a \vee (b \wedge c) = a \vee bc$

(3) $(a \wedge \neg b) \vee \neg(c \wedge d) = a \neg b \vee \neg(cd)$

(4) $(a \vee b) \wedge (a \vee c) = (a \vee b)(a \vee c)$

Weiter werden wir als Symbole für logische Funktionen statt der bisher ausschließlich verwendeten Großbuchstaben F, G, H … in Zukunft auch die in der Mathematik für Funktionen üblichen Kleinbuchstaben f, g, h … zulassen. Eine Verwechslungsgefahr des Funktionssymbols f mit der möglichen Belegung einer Variablen $a \in \{w, f\}$ muss dabei allerdings ausgeschlossen sein.

Jeder logische Ausdruck in n Variablen realisiert eine n-stellige logische Formel oder Funktion f(a, b, c, …). Wie im vorangegangenen Abschnitt nachgewiesen, können unterschiedlich aussehende logische Terme die gleiche Funktion realisieren. Wir bezeichnen diese dann als äquivalent, da sie durch die geeignete Anwendung logischer Gesetzmäßigkeiten ineinander überführt werden können.

### Äquivalenz logischer Terme

Zwei logische Terme A, B sind *äquivalent*, wenn sie bei gleicher Belegung von gemeinsamen Variablen stets das gleiche Resultat liefern.

Normalerweise müssten wir im Rahmen von Äquivalenzumformungen für die Äquivalenz von Termen A, B, C, … folgende Schreibweise wählen:

$A \leftrightarrow B \leftrightarrow C \leftrightarrow \ldots$ oder $A \Leftrightarrow B \Leftrightarrow C \Leftrightarrow \ldots$

Wir haben uns jedoch auch schon in der Schule daran gewöhnt, im Rahmen von Äquivalenzumformungen statt „⇔" das Gleichheitszeichen „=" zu verwenden, obwohl damit natürlich nicht die syntaktische Gleichheit sondern die Äquivalenz von mathematischen Ausdrücken gemeint ist. Deswegen übernehmen wir das Gleichheitszeichen auch für Äquivalenzumformungen logischer Terme.

### Beispiel

$\neg(\neg a \vee \neg c) \vee \neg a \neg b =$

$\neg(a \vee b) \vee (a \wedge c) =$

$\neg a \neg b \vee ac$

Wie wir aufgrund dieses Beispiels sehen, gibt es für ein und dieselbe logische Funktion verschieden aussehende äquivalente logische Terme. Zum Vergleich solch unterschiedlich aussehender logischer Formeln benötigen wir eine normierte Standarddarstellung. Dies führt zur Theorie der sogenannten *Normalformen*, welche besagt, dass jede logische Formel in eine normierte, standardisierte Darstellung überführt werden kann. Diese Theorie wird im folgenden Abschnitt behandelt.

## 2.3.1 Disjunktive und konjunktive Normalformen

Zum Aufbau der normierten Standarddarstellung eines logischen Ausdrucks benötigen wir folgende Definitionen und Vereinbarungen:

**Literal**

Seien $a_1, a_2, ..., a_n$ paarweise verschiedene logische Variablen. Sei $x_i$ eine negierte oder nicht-negierte logische Variable, d.h. $x_i = a_i$ oder $x_i = \neg a_i$ $(i = 1, ..., n)$, so bezeichnen wir $x_i$ als Literal.

**Konjunktions- und Disjunktionsterme**

Seien $x_1, x_2, ..., x_n$ $(i = 1, ..., n)$ paarweise verschiedene Literale. Der Ausdruck $x_1 \wedge x_2 \wedge ... \wedge x_n$ heißt n-stelliger *Konjunktionsterm* und der Ausdruck $x_1 \vee x_2 \vee ... \vee x_n$ heißt n-stelliger *Disjunktionsterm*.

**Konjunktive und disjunktive Normalformen**

Seien nun $K_1, K_2, ..., K_m$ paarweise verschiedene Konjunktionsterme und $D_1, D_2, ..., D_m$ paarweise verschiedene Disjunktionsterme, so heißt

$K_1 \vee K_2 \vee ... \vee K_m$ disjunktive Normalform (DN) und

$D_1 \wedge D_2 \wedge ... \wedge D_m$ konjunktive Normalform (KN)

Diese zunächst etwas kompliziert klingenden Normalformen sind leicht zu merken: Die disjunktive Normalform ist eine *disjunktive* Verbindung von *Konjunktion*stermen. Die konjunktive Normalform ist eine *konjunktive* Verbindung von *Disjunktons*termen.

**Beispiele**

Disjunktive Normalformen in drei Variablen sind:

$f_1(a, b, c) = ab\neg c \vee ac \vee \neg ac$

$f_2(a, b, c) = \neg abc \vee a\neg bc \vee ab\neg c \vee a\neg b\neg c \vee \neg ab\neg c$

Konjuktive Normalformen in drei Variablen sind:

$f_3(a, b, c) = (a \vee b \vee \neg c)\ (a \vee c)\ (a \vee \neg b \vee c)$

$f_4(a, b, c) = (\neg a \vee \neg b \vee \neg c)\ (\neg a \vee b \vee \neg c)\ (\neg a \vee \neg b \vee c)\ (a \vee b \vee \neg c)$

Weder DN noch KN sind:

$f_5(a, b, c) = a\neg c\ (b \vee c)$

$f_6(a, b, c) = \neg(ab) \vee a\neg(bc)$

Was uns nun fehlt ist ein Verfahren, welches uns zu einem gegebenen logischen Ausdruck eine *disjunktive oder konjunktive Normalform* erzeugt. Ein solches Verfahren kann unter Rückgriff auf die uns bekannten und schon bewiesenen logischen Gesetzmäßigkeiten formuliert werden.

**Algorithmus zum Erzeugen einer disjunktiven oder konjunktiven Normalform**

Da sich jede Normalform nur aus Literalen aufbaut, müssen wir zunächst die Negationen außerhalb geklammerter Ausdrücke eliminieren. Dies gelingt durch die (evtl. mehrfache) Anwendung der DeMorganschen Regeln solange, bis die Negationen nur noch bei den Variablen stehen und führt zu Schritt eins unseres Algorithmus:

1. Anwendung der DeMorganschen Regeln, solange bis die Negationen nur noch bei den Variablen stehen und nicht mehr vor geklammerten Ausdrücken.

Falls nun noch keine DN oder KN erreicht ist, stehen noch geklammerte Ausdrücke nebeneinander und man kann das Distributivgesetz anwenden. Welche Form des Distributivgesetzes jeweils angewandt wird hängt davon ab, ob man in Richtung DN oder KN gehen möchte.

2. Anwendung eines der Distributivgesetze – je nachdem, ob die DN oder die KN gewünscht wird.

Die letzten Schritte hängen wiederum vom Ergebnis des Schritts 2. ab. Typischerweise treten nun mehrfach gleiche Terme auf, welche aufgrund des Idempotenzgesetzes auf ein einmaliges Auftreten reduziert werden können. Oder aber es treten immer wahre oder immer falsche Teilausdrücke auf. Diese können aufgrund der Gesetzmäßigkeiten für die Neutralelemente $a \wedge w = a$ und $a \vee f = a$ weggelassen werden. Dies führt zu den Schritten 3. und 4.

3. Zusammenfassen gleicher Terme mit den Idempotenzgesetzen.
4. Streichen von w oder f gemäß der Regeln für die Neutralelemente.

**Beispiel**

$$f(a, b, c) = \neg(a\neg(bc) \vee \neg(ab)c)$$

Wir wollen hierzu die disjunktive Normalform erzeugen:

$$\neg(a\neg(bc) \vee \neg(ab)c) =$$

$$\neg[a\neg(bc)]\ \neg[\neg(ab)c] =$$

$$[\neg a \vee \neg\neg(bc)]\ [\neg\neg(ab) \vee \neg c] =$$

$$[\neg a \vee bc]\ [ab \vee \neg c] =$$

$$\neg aab \vee \neg a\neg c \vee abbc \vee bc\neg c =$$

~~$\neg aab$~~ $\vee \neg a \neg c \vee abbc \vee$ ~~$bc\neg c$~~ $=$

$\neg a \neg c \vee abc$ ist DN.

### 2.3.2 Kanonische disjunktive und kanonische konjunktive Normalformen

Leider sind die im vorigen Abschnitt gefundenen Normalformen noch nicht eindeutig, d.h. es kann nach wie vor noch unterschiedlich aussehende aber äquivalente Terme für ein und dieselbe Funktion geben. Dies lässt sich leicht mit dem folgenden Beispiel zeigen:

**Beispiel**

Zu $f(a, b, c) = \neg(a\neg(bc) \vee \neg(ab)c)$ ist sowohl $\neg a\neg c \vee abc$ wie auch $\neg ab\neg c \vee \neg a\neg b\neg c \vee abc$ eine DN.

Wir müssen die bis jetzt entwickelten Normalformen also noch weiter vereinheitlichen. Dies erfolgt durch die Erzeugung der sog. *kanonischen* disjunktiven und *kanonischen* konjunktiven Normalformen im folgenden Abschnitt. Wir definieren:

**Kanonische disjunktive und konjunktive Normalform, Min- und Maxterme**

Seien $K_1, K_2, ..., K_m$ paarweise verschiedene Konjunktionsterme und $D_1, D_2, ..., D_m$ paarweise verschiedene Disjunktionsterme. Wir nennen eine

$DN = K_1 \vee K_2 \vee ... \vee K_m$ oder

$KN = D_1 \wedge D_2 \wedge ... \wedge D_m$

*ausgezeichnet* oder *kanonisch,* kurz kDN oder kKN, wenn jeder Konjunktionsterm bzw. jeder Disjunktionsterm alle Variablen, über die die entsprechende Funktion definiert ist, enthält.

Die entsprechenden $K_i$ nennen wir dann **Minterme**

Die entsprechenden $D_i$ nennen wir **Maxterme**

**Beispiel**

$f(a, b, c) = ab \vee a\neg c$ ist nicht kanonisch, weil in dem Term ab die Variable c fehlt und in dem Term $a\neg c$ die Variable b.

Jede DN oder KN kann in eine kDN oder kKN überführt werden. Hierzu muss nur die fehlende Variable auf geeignete Weise zu dem Term hinzugefügt werden. Auf geeignete Weise heißt dabei, dass der Term nicht verfälscht werden darf. Dies gelingt durch Anwendung einer Regel, welche zunächst an einem einfachen Beispiel erläutert werden soll:

**Beispiel**

$f(a, b) = a$ ist nicht in kDN, weil der Term a die Variable b nicht enthält. Wir wissen jedoch, dass gilt: $a = a \wedge w$

Wir drücken „w" als Tautologie mit der fehlenden Variablen b als $(b \vee \neg b)$ aus.

Also gilt: $a = a \wedge w = a \wedge (b \vee \neg b)$.

Nun können wir das Distributivgesetz anwenden: $f(a, b) = ab \vee a\neg b$; dies ist die kDN.

Die Verallgemeinerung dieser Vorgehensweise führt uns zu dem folgenden Algorithmus:

**Algorithmus zur Herstellung der kDN oder kKN eines Terms A**

1. Ausgehend von einer DN oder KN des Terms A suchen wir alle Terme, in welchen Variablen fehlen. Gibt es solche Terme nicht, liegt bereits eine kDN oder kKN vor und wir sind fertig.
2. Ansonsten wählen wir den ersten Konjunktionsterm K (Disjunktionsterm D) von A und eine Variable a, die nicht darin vorkommt.
3. Wir ersetzen K durch $K \wedge (a \vee \neg a)$ oder D durch $D \vee (a \wedge \neg a)$ und können dann das Distributivgesetz anwenden.
4. Wie schon beim Fall des Erzeugens der DN oder KN können gleiche Terme auftauchen, diese werden mit dem Idempotenzgesetz zusammengefasst.

**Beispiel**

$f(a, b, c) = \neg a \vee \neg bc$

gesucht ist hierzu die kDN

$\neg a \vee \neg bc =$

$\neg a(b \vee \neg b) \vee \neg bc\,(a \vee \neg a) =$

$\neg ab \vee \neg a\neg b \vee a\neg bc \vee \neg a\neg bc =$

$\neg ab(c \vee \neg c) \vee \neg a\neg b(c \vee \neg c) \vee a\neg bc \vee \neg a\neg bc =$

$\neg abc \vee \neg ab\neg c \vee \neg a\neg bc \vee \neg a\neg b\neg c \vee a\neg bc \vee$ ~~$\neg a\neg bc$~~ $=$

$\neg abc \vee \neg ab\neg c \vee \neg a\neg bc \vee \neg a\neg b\neg c \vee a\neg bc$

Der einzige Unterschied der nun in Bezug auf die bisher entwickelten logischen Terme noch existieren kann ist der, dass die Reihenfolge der Minterme oder Maxterme unterschiedlich ist. Dies ist aufgrund der Kommutativität zwar unerheblich, dennoch wollen wir auch für diesen Fall eine Regel für das eindeutige Aufschreiben der Reihenfolge der Min- bzw. Maxterme einführen. Wir erläutern dies für den Fall einer kDN:

Sei $K = x_1 \wedge x_2 \wedge \ldots \wedge x_n$ ein Minterm und damit eine Konjunktion von n Literalen in den Variablen a, b, …, z oder $a_1, a_2, \ldots, a_n$. Wir vereinbaren zunächst, dass die Reihenfolge des Aufschreibens der Variablen immer gemäß der lexikografischen Reihenfolge oder nach aufsteigenden Indizes erfolgt. Dann können wir folgende Ordnung innerhalb der Minterme oder Maxterme herstellen:

Wir übersetzen eine negierte Variable in eine „0“ und eine nichtnegierte Variable in eine „1“. Hierdurch werden n-stellige Dualzahlen erzeugt, welche entsprechend ihrer Größe sortiert werden können und so die Position des entsprechenden Minterms oder Maxterms in der kDN oder kKN bestimmen.

**Beispiel**

Greifen wir das Beispiel von oben wieder auf:

$$f(a, b, c) = \neg abc \vee \neg ab\neg c \vee \neg a\neg bc \vee \neg a\neg b\neg c \vee a\neg bc$$

entspricht $011 \vee 010 \vee 001 \vee 000 \vee 101$

sortiert also $000 \vee 001 \vee 010 \vee 011 \vee 101$

Dies ergibt folgende Reihenfolge für die Anordnung der Minterme:

$$f(a, b, c) = \neg a\neg b\neg c \vee \neg a\neg bc \vee \neg ab\neg c \vee \neg abc \vee a\neg bc$$

## 2.4 Logisches Schließen und Resolution

Schon sehr früh mit dem Entstehen der ersten elektronischen Rechenanlagen tauchte auch der Begriff „Elektronengehirn“ für den Computer auf. Dies war gleichzeitig die Geburtsstunde eines Forschungsbereiches der Informatik, welcher sich mit der „künstlichen Intelligenz“, abgekürzt KI (englisch AI als Abkürzung für Artificial Intelligence), beschäftigt. Hiermit verbunden waren die Hoffnungen, dass ein Rechner auch imstande sein könnte, menschliche Intelligenz nachzuahmen oder vielleicht sogar zu übertreffen. Aus heutiger Sicht muss ganz klar gesagt werden, dass viele der nach den ersten Anfangserfolgen der KI-Forschung prognostizierten Zukunftsszenarien bis jetzt nicht eintrafen. Nichtsdestotrotz gibt es mittlerweile eine solide Basis praktisch verwertbarer KI-Technologien, welche in eng begrenzten Anwendungsbereichen durchaus in der Lage sind, intelligentes Verhalten, wie wir es von Menschen gewohnt sind, nachzuvollziehen.

Zunächst müsste hierzu allerdings diskutiert werden, wie menschliche Intelligenz definiert wird. Da eine allumfassende Definition menschlicher Intelligenz auch heute noch schwer fällt, beschränken wir uns für den Kontext dieses Buches auf einen mit Sicherheit unbestrittenen Teilbereich menschlicher Intelligenz, welcher auch wesentlicher Bestandteil typischer Intelligenztests ist. Gemeint ist die Fähigkeit, aus gewissen Grundvoraussetzungen logisch korrekte Schlussfolgerungen zu ziehen, um damit auf neue Erkenntnisse zu kommen. Falls es uns gelingt, hierfür die Grundlagen exakt zu formulieren, hätten wir damit die Möglichkeit, einen Schlussfolgerungsmechanismus zu identifizieren, welcher automatisierbar ist und somit auf einem Computer implementiert werden kann. Genau dies gelingt tatsächlich mittels eines Verfahrens mit dem Namen „Resolution". Dieses Verfahren soll zunächst im Kontext der Aussagenlogik erläutert werden, um dann, im Rahmen der KI-Programmiersprache PROLOG und der Prädikatenlogik, am Ende dieses Buches wieder aufgegriffen zu werden.

Beginnen wir mit der Erarbeitung der hierzu notwendigen Grundlagen. Jeder logisch denkende Mensch wird folgende Schlussfolgerungskette intuitiv nachvollziehen können: Wenn aus Sachverhalt a Sachverhalt b folgt und aus b wiederum c, dann kann auch von a auf die Gültigkeit von c geschlossen werden.

Formal stellt sich diese Schlussfolgerungskette unter Verwendung der uns bekannten Symbole aus der Aussagenlogik wie folgt dar:

$$(a \rightarrow b) \wedge (b \rightarrow c) \rightarrow (a \rightarrow c)$$

Tatsächlich ist obiger Ausdruck auch eine Tautologie, wie leicht mithilfe der Wahrheitstafel für a, b und c nachgewiesen werden kann:

| **a** | **b** | **c** | **a→b** | **b→c** | **(a→b) ∧ (b→c)** | **a→c** | **(a→b) ∧ (b→c) → (a→c)** |
|---|---|---|---|---|---|---|---|
| f | f | f | w | w | w | w | w |
| f | f | w | w | w | w | w | w |
| f | w | f | w | f | f | w | w |
| f | w | w | w | w | w | w | w |
| w | f | f | f | w | f | f | w |
| w | f | w | f | w | f | w | w |
| w | w | f | w | f | f | f | w |
| w | w | w | w | w | w | w | w |

***Tab. 2.11**: Beweis zu* $(a\rightarrow b)\wedge(b\rightarrow c)\rightarrow(a\rightarrow c)$

Wenn aus einer Menge von Voraussetzungen etwas gefolgert werden kann, ist im Bereich der Logik die Verwendung des Symbols ⊨ für diese *Schlussfolgerung* üblich. Somit kann obiger Sachverhalt wie folgt dargestellt werden:

$$\{(a \rightarrow b), (b \rightarrow c)\} \models (a \rightarrow c)$$

Andererseits ist klar, dass wenn $(a \rightarrow c)$ aus $\{(a \rightarrow b), (b \rightarrow c)\}$ folgt, dann die Negation der Konklusion, also $\neg(a \rightarrow c)$ im Widerspruch zu den Voraussetzungen stehen muss. Dies heißt wiederum, dass der Ausdruck

$$(a \rightarrow b) \wedge (b \rightarrow c) \wedge \neg(a \rightarrow c)$$

widerspruchsvoll, d.h. immer falsch sein muss. Dies führt uns zum Grundprinzip der Resolution, welche im Kern nichts anderes als ein Beweis durch Widerspruch ist. Wenn bewiesen werden soll, dass von $\{A_1, \ldots, A_n\}$ auf b geschlossen werden kann, d.h.

$$\{A_1, \ldots, A_n\} \models b$$

zeigt man das durch den Nachweis, dass der Ausdruck

$$(A_1 \wedge \ldots \wedge A_n \wedge \neg b)$$

widerspruchsvoll, d.h. immer falsch ist. Das Verfahren hierzu wird als *Resolution* bezeichnet. Um es genau zu erläutern, benötigen wir noch die Definition des bisher im Kontext der Aussagenlogik noch nicht erläuterten Begriffs der *Klausel.*

**Klausel**

Als Klausel bezeichnen wir die Disjunktion von Literalen.

**Beispiel**

Der Term $(a \vee b \vee \neg d)$ ist eine Klausel.

Ansatzpunkt für das Resolutionsverfahren ist die Umformung des vorgegebenen Ausdrucks in die Konjunktive Normalform. Diese ist eine Menge von nur mit „und" ($\wedge$) verbundener Klauseln. Wir wollen diesen Umformungsprozess durch Wiederaufgreifen des obigen Beispiels aufzeigen. Gezeigt werden soll:

$$\{(a \rightarrow b), (b \rightarrow c)\} \models (a \rightarrow c)$$

indem die Widersprüchlichkeit bzw. Nichterfüllbarkeit des Terms

$$(a \rightarrow b) \wedge (b \rightarrow c) \wedge \neg(a \rightarrow c)$$

aufgezeigt wird. Hierzu formen wir den Term in KN um

$$(a \rightarrow b) \wedge (b \rightarrow c) \wedge \neg(a \rightarrow c) =$$

$$(\neg a \vee b) \wedge (\neg b \vee c) \wedge \neg(\neg a \vee c) =$$

$$(\neg a \vee b) \wedge (\neg b \vee c) \wedge (\neg\neg a \wedge \neg c) =$$

$$(\neg a \vee b) \wedge (\neg b \vee c) \wedge a \wedge \neg c$$

Es entsteht dabei die folgende Klauselmenge

$$\{(\neg a \vee b), (\neg b \vee c), a, \neg c\}$$

Betrachten wir in dieser Menge die ersten zwei Klauseln $(\neg a \vee b)$ und $(\neg b \vee c)$ so fällt auf, dass b in der ersten Klausel als nichtnegierte und in der zweiten Klausel als negierte Variable auftaucht. Wenn nun eine Belegung gesucht wird, die obige KN wahr macht, so kann offensichtlich b darin keine Rolle spielen, weil sich die Wahrheitswerte von b und $\neg b$ widersprechen. Das Wahrwerden der ersten zwei Klauseln hängt somit nur von a und c ab. Dieser Sachverhalt wird dadurch zum Ausdruck gebracht, dass die zwei Klauseln$(\neg a \vee b)$ und $(\neg b \vee c)$ zur neuen Klausel $(\neg a \vee c)$ zusammengefasst oder *resolviert* werden. Die neu entstehende Klausel bezeichnen wir als *Resolvente.*

Ausgehend von obiger Klauselmenge kann das Verfahren weitergeführt werden. Zu $(\neg a \vee c)$ findet sich mit a wiederum eine Klausel als Gegenstück, so dass sich c als Resolvente ergibt. Wir haben noch folgende Klauseln übrig: c als Resolvente der bisherigen Resolutionsschritte und $\neg c$ als letzte Klausel, die bisher noch nicht verwendet wurde. Es ist offensichtlich, dass $(c \wedge \neg c)$ immer falsch ist. Dieser Sachverhalt wird dadurch zum Ausdruck gebracht, dass wir als Resolvente die sog. „leere Klausel", ausgedrückt durch das Symbol $\square$, ableiten. Die leere Klausel ist nie erfüllbar, d.h. immer falsch. Somit wurde gezeigt, dass

$$(a \rightarrow b) \wedge (b \rightarrow c) \wedge \neg(a \rightarrow c) \models \square$$

was bedeutet, dass die Schlussfolgerung

$$\{(a \rightarrow b), (b \rightarrow c)\} \models (a \rightarrow c)$$

korrekt war.

Im Kontext der Resolution sind noch folgende Vereinfachungen bei den Schreibweisen üblich:

Die „und"-Verknüpfung bei der Disjunktiven Normalform entfällt beim Aufschreiben der Klauseln als Menge. Wir schreiben oben statt dem Term $(\neg a \vee b) \wedge (\neg b \vee c) \wedge a \wedge \neg c$ die Menge $\{(\neg a \vee b), (\neg b \vee c), a, \neg c\}$.

Da innerhalb einer Klausel nur $\vee$ als Operator vorkommt, kann dieser auch weggelassen werden und die einzelnen Literale werden nun durch Kommata voneinander in Mengenschreibweise notiert. Wir schreiben also statt der Menge $\{(\neg a \vee b), (\neg b \vee c), a, \neg c\}$ die Menge $\{\{\neg a, b\}, \{\neg b, c\}, \{a\}, \{\neg c\}\}$.

Ausgehend von dieser Mengenschreibweise kann die Erzeugung der Resolventen nun allgemein wie folgt definiert werden:

**Resolventenbildung**

Enthält eine Klausel A das Literal a und eine Klausel B das Literal $\neg a$, so enthält die Resolvente von $\{A, B\}$, geschrieben als $res\{A, B\}$, alle Literale aus A und B *außer* a und $\neg a$.

Auf der Basis mengenalgebraischer Operationen, die jedoch erst in Abschnitt 3.2.2 eingeführt werden, lässt sich dieser Sachverhalt einfacher formulieren:

$$res\{A, B\} = A \setminus \{a\} \cup B \setminus \{\neg a\}$$

**Beispiel**

Folgende Behauptung soll mithilfe der Resolution verifiziert werden:

$$(b \rightarrow (\neg a \vee c)) \wedge (\neg c \rightarrow a) \wedge c \vDash \neg b$$

Der gegebene Ausdruck entspricht folgender Klauselmenge:

$$\{\{\neg b, \neg a, c\}, \{c, a\}, \{c\}, \{b\}\}$$

Nun muss versucht werden, durch Resolution hieraus die leere Klausel abzuleiten:

$$\mathrm{res}\{\{\neg b, \neg a, c\}, \{c, a\}\} = \{\neg b, c\}$$

$$\mathrm{res}\{\{\neg b, c\}, \{b\}\} = \{c\}$$

Leider gibt es keine weitere Klausel, welche erlaubt, die leere Klausel herzuleiten. Die Behauptung

$$(b \rightarrow (\neg a \vee c)) \wedge (\neg c \rightarrow a) \wedge c \vDash \neg b$$

ist also falsch.

## 2.5 Aufgaben zu Kapitel 2

**Aufgabe 2.1**

Welche der folgenden Sätze sind Aussagen?

a) Guten Tag!

b) $3 + 4 = 10$.

c) Logik und Algebra ist schwer zu verstehen.

d) Die nächste Bundestagswahl bringt einen Regierungswechsel.

**Aufgabe 2.2**

Gegeben sei folgender Satz: „Am Dienstag fahren wir zu unserer Tante und, wenn sie nicht im Garten arbeitet, gehen wir ins Kino oder machen einen Spaziergang“.

a) Wie lauten die aussagenlogisch nicht weiter zerlegbaren Einzelsätze?

b) Welche aussagenlogischen Verknüpfungen bestehen zwischen den Einzelsätzen und wie sind diese im Ausdruck zu verklammern?

### Aufgabe 2.3

Beweisen Sie mithilfe der Wahrheitstafeln die in Abschnitt 2.2.4 vorgenommene Umwandlung der logischen Äquivalenz, d.h. zeigen Sie:

$$(a \leftrightarrow b) \leftrightarrow (a \wedge b) \vee (\neg a \wedge \neg b)$$

ist Tautologie.

### Aufgabe 2.4

Überführen Sie den folgenden Ausdruck in eine DN

$$f(a, b, c, d) = \neg(\neg(ab\neg(cd)) \vee d)$$

### Aufgabe 2.5

Überführen Sie die folgenden Ausdrücke in eine kDN:

$$f(a, b) = \neg(a\neg b)\,(a\neg b \vee \neg a)$$

$$g(a, b, c) = \neg(a \vee b) \vee c$$

### Aufgabe 2.6

Bestimmen Sie, für welche Variablenbelegungen die folgenden Ausdrücke den Wert „wahr" annehmen.

$$f(a) = (a \rightarrow (\neg a \wedge a)) \leftrightarrow a$$

$$g(a, b) = \neg(\neg(a \wedge b) \vee ((\neg a \rightarrow b) \leftrightarrow \neg b)) \vee b$$

### Aufgabe 2.7

Zeigen Sie durch Termumformung, ob eine der folgenden Aussageformen eine Tautologie ist oder ob sie widerspruchsvoll ist:

$$f(a, b, c, d) = (a \rightarrow b) \vee ((c \wedge d) \rightarrow a)$$

$$g(a, b, c) = \neg(a \rightarrow \neg b) \wedge \neg(c \rightarrow a)$$

### Aufgabe 2.8

Ein Programmierer formuliert spätnachts die dringend notwendige Korrektur eines Programms. Er müsste als letztes Statement eintragen: *If x* ***and*** *not(y) then …* . Nun stellt er fest, dass ausgerechnet der Buchstabe „a" wegen eines Hardwarefehlers der Tastatur nicht mehr funktioniert. Er kann also das Wort „and" nicht mehr schreiben. Wie kann er das Programm bei Beibehalten obiger Logik dennoch beenden?

**Aufgabe 2.9**

Die Darstellung des Mordfalls in der Nobelvilla als logischer Term ergibt sich wie folgt:

$$f(v, m, u, k) = (v \to m) \land (u \lor k) \land (m \to \neg k) \land (u \to (k \land v))$$

Entwickeln Sie zu diesem Term eine kDN. Hilft uns diese bei der Lösung des Mordfalls weiter?

**Aufgabe 2.10**

Gegeben sei die folgende Klauselmenge:

$$\{\{a, b, c\}, \{\neg b, d\}, \{\neg a, d\}, \{\neg c, d\}\}$$

Verkürzen Sie diese Menge soweit möglich mithilfe der Resolution.

**Aufgabe 2.11**

Gegeben sei die folgende Behauptung:

$$\{a \to (\neg c \lor b), \neg b \to c, \neg b\} \models \neg a$$

Beweisen oder widerlegen Sie diese Behauptung mithilfe der Resolution.

# 3 Mengen, Relationen und Abbildungen

## 3.1 Grundbegriffe

In der Alltagssprache wird der Begriff „Menge“ üblicherweise als Synonym für „viel von etwas“ verwendet. In gewisser Weise ist diese Definition im Kern sehr treffend. Allerdings hat sich der Mengenbegriff als zentraler Grundbegriff der höheren Mathematik herauskristallisiert und muss daher von uns etwas präziser definiert werden. Die Definition des Begriffs „Menge“ nach Cantor (1845–1918), dem Begründer der Mengenlehre, ist die Folgende:

**Menge und Element**

Eine *Menge* ist eine Zusammenfassung bestimmter wohlunterschiedener Objekte unserer Anschauung oder unseres Denkens zu einem Ganzen; diese Objekte heißen die *Elemente* der Menge.

Der wesentliche Unterschied zur naiven Definition des Begriffs „Menge“ als „viel von etwas“ ist der, dass die Objekte „wohlunterschieden“ sein müssen. Gleichartige Objekte dürfen in einer Menge damit nicht auftauchen. In der Umgangssprache würden wir einen Sack von Bällen, welche alle dieselbe Beschaffenheit haben und damit nicht mehr voneinander unterscheidbar sind, durchaus als Menge bezeichnen.

Mengen können wir aufschreiben, indem wir nach dem Namen für die Menge die Elemente, durch Kommata voneinander abgetrennt, in geschweifte Klammern schreiben.

**Beispiele**

$M_1 = \{1, 2, 3\}$

$M_2 = \{a, b, c, d\}$

$M_3 = \{\Delta, \square, *, a, 1\}$

$M_4 = \{1, 2, 3, ...\}$

$M_5 = \{\text{BMW, Ford, Mercedes, Opel, Porsche, VW}\}$

Mithilfe dieser Mengen lassen sich einige wichtige Dinge erläutern. Häufig wird die Meinung vertreten, bei Mengen handele es sich um die Zusammenfassung ähnlicher Objekte wie etwa Zahlen bei $M_1$ und $M_4$, Buchstaben bei $M_2$ oder Automarken bei $M_5$. Dass dies nicht so sein muss, zeigt uns die Menge $M_3$. Interessant ist weiter die Betrachtung der Menge $M_4$, welche leicht als die Menge der natürlichen Zahlen erkannt wird. Mengen können also auch unendlich viele Elemente enthalten. Eine solche Menge bezeichnen wir, im Gegensatz zu den *endlichen Mengen* mit einer begrenzten Anzahl von Elementen, als *unendliche Menge*.

**Mächtigkeit von Mengen**

Die Mächtigkeit einer Menge gibt an, wie viele Elemente die Menge besitzt. Abgekürzt wird sie durch Betragszeichen um die Mengenbezeichnung.

**Beispiel**

$M_1, \ldots, M_5$ wie oben

$$|M_1| = 3$$

$$|M_2| = 4$$

$$|M_3| = 5$$

$$|M_4| = \infty$$

$$|M_5| = 6$$

Für die Bezeichnung der Zugehörigkeit eines Objektes zu einer Menge sagen wir, Objekt a ist Element der Menge M und schreiben

$$a \in M$$

Gehört a nicht zu M so schreiben wir

$$a \notin M$$

Beim Umgang mit Mengen und deren Elementen ist es immer wieder von Bedeutung, ob gewisse Eigenschaften von Elementen für *mindestens ein Element dieser Menge* erfüllt sind oder aber *für alle Elemente dieser Menge*. Dementsprechend häufig benötigt man die Formulierung *„es gibt mindestens ein Element x aus M ...“* bzw. *„für alle x, welche Element von M sind ...“*. Um diese Formulierungen nicht immer ausschreiben zu müssen, gibt es hierfür zwei Abkürzungen, die sog. *Quantoren*:

**Quantoren**

Die Formulierung „es gibt mindestens ein ...“ wird durch das Symbol $\exists$, den sog. *Existenzquantor* abgekürzt, den man sich als *vertikal* umgedrehtes E merken kann.

Die Formulierung „für alle …“ wird durch das Symbol $\forall$, den sog. *Allquantor* abgekürzt, den man sich als *horizontal* umgedrehtes A merken kann.

### Gleichheit von Mengen, Extensionalitätsprinzip

Bei der Betrachtung von Mengen ist oft zu entscheiden, ob diese Mengen gleich sind oder nicht. Zwei Mengen sind genau dann gleich, wenn sie dieselben Objekte als Elemente haben. Man bezeichnet dies auch als *Extensionalitätsprinzip*.

$$M = N \leftrightarrow \forall x\, (x \in M \leftrightarrow x \in N)$$

### Beispiel

Die Mengen M = {1, 2, 3} und N = {3, 1, 2} sind gleich. Die Reihenfolge, in der die Elemente in der Mengenklammer aufgeschrieben werden, ist nach dem Extensionalitätsprinzip unerheblich.

### Charakteristische Aussageform

Bei großen oder bei unendlichen Mengen, deren Bildungsgesetze nicht wie bei $M_4 = \{1, 2, 3, 4, \ldots\}$ leicht angedeutet werden können, benötigen wir eine andere Schreibweise zum Aufschreiben der Menge. Dies gelingt in Form der *charakteristischen Aussageform* A(x)

$$M = \{x \mid A(x)\}$$

und wird gelesen als: M ist die Menge aller x mit der Eigenschaft A(x). Die charakteristische Aussageform kann auch als *prädikative Mengendefinition* bezeichnet werden, da sie die Zughörigkeit eines Elements zu einer Menge über die Erfüllung eines Prädikats angibt.

### Beispiel

$$M = \{x \mid x \text{ ist Primzahl}\}$$

$$N = \{x \mid x \text{ ist Mitarbeiter der Firma A}\}$$

### Teilmenge, Obermenge und Leere Menge

Eine Menge T, deren sämtliche Elemente auch Elemente von M sind, heißt *Teilmenge* von M. Wir unterscheiden dabei noch zwischen der *echten Teilmenge* mit dem Operator „$\subset$“ und der *unechten Teilmenge* mit dem Operator „$\subseteq$“. Bei der unechten Teilmenge ist es zulässig, dass T = M ist.

Formal definiert sich die unechte Teilmenge wie folgt:

$$T \subseteq M \leftrightarrow \forall x\, (x \in T \rightarrow x \in M)$$

Wenn $T \subseteq M$ ist kann umgekehrt gesagt werden, M ist eine *Obermenge* von T. Hierfür gibt es jedoch keinen eigenen Operator, sondern es ist zulässig, den Operator für die Teilmengenbeziehung einfach umzudrehen: $M \supseteq T$ wird somit gelesen als *M ist Obermenge von T.*

Von besonderer Bedeutung in der Mengentheorie ist die *leere Menge*. Sie enthält keine Elemente und ist somit Teilmenge jeder Menge. Als Symbole für die leere Menge dienen „$\varnothing$" oder „$\{\}$".

**Mengensysteme, Potenzmenge**

Als *Mengensystem* bezeichnen wir Mengen, deren Elemente selbst wieder Mengen sind. Das größte zu einer gegebenen Menge M denkbare Mengensystem ist die Menge aller Teilmengen dieser Menge. Dies ist die *Potenzmenge* von M. Die charakteristische Aussageform für die Potenzmenge $\mathcal{P}(M)$ ergibt sich als:

Potenzmenge $\mathcal{P}(M) = \{x \mid x \subseteq M\}$

**Beispiel**

Sei $M = \{1, 2, 3\}$, dann ist die Potenzmenge von M:

$$\mathcal{P}(M) = \{\varnothing, \{1\},\{2\},\{3\},\{1, 2\},\{1, 3\},\{2, 3\},\{1, 2, 3\}\}$$

Die Mächtigkeit der Potenzmenge einer Menge M lässt sich in Abhängigkeit der Mächtigkeit von M leicht berechnen:

$$|\mathcal{P}(M)| = 2^{|M|}$$

## 3.2 Mengenalgebra

Ausgehend von den Definitionen und Erläuterungen zum Mengenbegriff im vorangegangenen Abschnitt wenden wir uns nun der darauf aufbauenden Mengenalgebra zu. Hierbei ist zunächst der Begriff „Algebra" oder „algebraische Struktur" zu erläutern. In der Schule wird der Begriff „Algebra" häufig als Synonym für gewisse Teilbereiche der Mathematik verwendet. Oft erfolgt hierbei eine Reduktion des Begriffs auf die Theorie der Lösung algebraischer Gleichungen. Demgegenüber steht dann der Bereich der linearen Algebra, in dem als grundlegende Elemente Vektoren und deren Verknüpfungen betrachtet werden. Wir wollen den Begriff Algebra bzw. algebraische Struktur losgelöst von irgendwelchen gedanklichen Vorbelegungen angehen.

### 3.2.1 Algebraische Strukturen

Eine *algebraische Struktur* besteht aus einer *Menge M* und zwischen den Elementen dieser Menge definierten *Verknüpfungen*, welche grundlegenden *Gesetzmäßigkeiten* gehorchen. Die

Gesetzmäßigkeiten für diese Verknüpfungen werden als *Axiomensystem* oder *Axiomatik* bezeichnet. Eine Verknüpfung v ordnet je zwei Elementen a, b $\in$ M eindeutig ein Element c $\in$ M zu:

$$v: M \times M \rightarrow M$$

In uns bekannten algebraischen Strukturen sind solche Verknüpfungen z.B. die *Addition* und die *Multiplikation*, so etwa die Addition im Bereich der natürlichen Zahlen:

$$+: \mathbb{N} \times \mathbb{N} \rightarrow \mathbb{N}$$

Hier wird je zwei natürlichen Zahlen als Ergebnis der Addition eine natürliche Zahl zugewiesen. Mithilfe des Begriffs Menge und Verknüpfung lassen sich algebraische Strukturen definieren, so z.B. die algebraische Struktur Gruppe.

### Gruppe, Gruppenaxiome

Ein Tupel (G, +), bestehend aus einer Menge G und einer Verknüpfung +, wird als *Gruppe* bezeichnet, wenn folgende Eigenschaften erfüllt sind:

1. Existenz und Eindeutigkeit der Verknüpfung (Abgeschlossenheit):
   $\forall$ a, b $\in$ G ist die Verknüpfung a + b definiert und es gilt a + b $\in$ G
2. Assoziativgesetz:
   $\forall$ a, b, c $\in$ G gilt (a + b) + c = a + (b + c)
3. Neutrales Element:
   $\exists$ e $\in$ G mit a + e = a
4. Inverses Element:
   $\forall$ a $\in$ G $\exists$ a* $\in$ G mit a + a* = e

Falls nun noch zusätzlich folgende Eigenschaft erfüllt ist:

5. Kommutativgesetz:
   $\forall$ a, b $\in$ G gilt a + b = b + a

bezeichnen wir die Gruppe als kommutative Gruppe.

### Beispiel

Sei $\mathbb{N}_0 = \mathbb{N} \cup \{0\}$ die Menge der natürlichen Zahlen einschließlich der „0“, dann ist ($\mathbb{N}_0$, +) keine kommutative Gruppe, da es keine inversen Elemente gibt. Kommutative Gruppen sind z.B. die reellen Zahlen $\mathbb{R}$ oder die ganzen Zahlen $\mathbb{Z}$ bezüglich der Addition, also ($\mathbb{R}$, +) bzw. ($\mathbb{Z}$, +).

Aufbauend auf der algebraischen Struktur Gruppe lassen sich komplexere algebraische Strukturen wie Ringe, Körper oder Verbände definieren. Diese sind uns wiederum in gewissen Ausprägungen bekannt, wie etwa dem Körper der Reellen Zahlen.

Wir wollen uns exemplarisch mit der algebraischen Struktur „Körper" beschäftigen. Im Gegensatz zur Gruppe benötigen wir hierzu zwei Verknüpfungen.

**Körper, Körperaxiome**

Ein Tupel (K, +, *), bestehend aus einer Menge K und den beiden Verknüpfungen + und *, wird als Körper bezeichnet, wenn folgende Eigenschaften erfüllt sind:

1. In der Menge K sind zwei Verknüpfungen a + b und a * b definiert, welche je zwei Elementen a, b ein Element a + b = c bzw. a * b = d mit c, d ∈ K zuordnen. Die Verknüpfungen a + b bzw. a * b werden in der Regel als Addition bzw. als Multiplikation bezeichnet.
2. (K, +) ist eine kommutative Gruppe.
3. (K\{0}, *) ist eine kommutative Gruppe. „0" steht hierbei allgemein für das Neutralelement der Addition.
4. Es gilt das Distributivgesetz, d.h. ∀ a, b, c ∈ K: a * (b + c) = (a * b) + (a * c)

**Beispiel**

Wir betrachten den Körper der reellen Zahlen ℝ. Grundmenge ist hierbei die Gesamtheit der reellen Zahlen, welche sich aus den rationalen Zahlen (ganze Zahlen und Brüche) sowie den irrationalen Zahlen (z.B. π, e, √2, …) zusammensetzt.

Für die Addition gilt dann:

1. ∀ a, b ∈ ℝ ist a + b definiert und es gilt a + b ∈ ℝ
2. ∀ a, b, c ∈ ℝ gilt (a + b) + c = a + (b + c)
3. 0 ist das Neutralelement der Addition, da gilt a + 0 = a, ∀ a ∈ ℝ
4. –a ist das inverse Element zu a, da gilt ∀ a ∈ ℝ ∃ -a ∈ ℝ mit a + (-a) = 0
5. ∀ a, b ∈ ℝ gilt a + b = b + a

also ist (ℝ, +) kommutative Gruppe.

Es gilt für die Multiplikation:

1. ∀ a, b ∈ ℝ\{0} ist a * b definiert und es gilt a * b ∈ ℝ\{0}
2. ∀ a, b, c ∈ ℝ\{0} gilt (a * b) * c = a * (b * c)
3. 1 ist das Neutralelement der Multiplikation, da gilt: a * 1 = a ∀a ∈ ℝ\{0}
4. ∀ a ∈ ℝ\{0} ∃ $a^{-1}$ ∈ ℝ mit a * $a^{-1}$ = 1
5. ∀ a, b ∈ ℝ\{0} gilt a * b = b * a

also ist ($\mathbb{R}\setminus\{0\}$, *) kommutative Gruppe.

Weiter gilt das Distributivgesetz:

$$\forall\, a, b, c \in \mathbb{R}: a * (b + c) = (a * b) + (a * c)$$

Der Körper der reellen Zahlen und darauf definierte Funktionen f: $\mathbb{R} \to \mathbb{R}$ sind uns als Untersuchungsgegenstand der Analysis aus der Schule sehr gut bekannt. Im Rahmen dieses Buches interessieren uns nun neue algebraische Strukturen wie etwa die *Mengenalgebra,* die wir im nächsten Abschnitt betrachten. Der grundlegenden algebraischen Struktur der Informatik, der *Booleschen Algebra,* wenden wir uns in Kapitel 4 zu.

### 3.2.2 Mengenalgebraische Operationen

Die Elemente der Mengenalgebra sind selbst wieder Mengen. Außer den Elementen benötigen wir nun noch Verknüpfungen zwischen diesen. Wir wollen diese im Folgenden definieren, um daraufhin ihre Eigenschaften zu untersuchen.

**Vereinigung, Durchschnitt und Differenz**

Seien M, N und W beliebige Mengen. Wir definieren folgende Mengenoperationen

Durchschnitt $M \cap N = \{x \mid x \in M \wedge x \in N\}$

Vereinigung $M \cup N = \{x \mid x \in M \vee x \in N\}$

Differenz $M \setminus N = \{x \mid x \in M \wedge x \notin N\}$

**Beispiel**

$M = \{a, b, c\}$, $N = \{a, b, d\}$ dann ist

$M \cap N = \{a, b\}$;

$M \cup N = \{a, b, c, d\}$;

$M \setminus N = \{c\}$

$N \setminus M = \{d\}$

Die letzten zwei Zeilen zeigen, dass die Differenzmengenbildung nicht kommutativ ist. Durchschnitt und Vereinigung haben dahingegen dieselben Eigenschaften, wie wir sie aus dem Bereich der Aussagenlogik schon kennengelernt haben. So gilt z.B. für beliebige Mengen M, N und W:

| | Name | Gesetz |
|---|---|---|
| 1. | Idempotenzgesetze | $M \cap M = M$<br>$M \cup M = M$ |
| 2. | Kommutativgesetze | $M \cap N = N \cap M$<br>$M \cup N = N \cup M$ |
| 3. | Assoziativgesetze | $(M \cap N) \cap W = N \cap (M \cap W)$<br>$(M \cup N) \cup W = N \cup (M \cup W)$ |
| 4. | Absorptionsgesetze | $M \cap (M \cup N) = M$<br>$M \cup (M \cap N) = M$ |
| 5. | Distributivgesetze | $M \cap (N \cup W) = (M \cap N) \cup (M \cap W)$<br>$M \cup (N \cap W) = (M \cup N) \cap (M \cup W)$ |

***Tab. 3.1**: Gesetze der Mengenalgebra I*

Auch wenn die Gültigkeit der meisten Gesetze dem Leser intuitiv klar sein wird, müssen wir sie für den Bereich der Mengenalgebra alle erneut beweisen. Wir wollen dies jedoch nur exemplarisch für das Kommutativgesetz durchführen.

**Beweis**

Die Gleichheit zweier Mengen A und B kann prinzipiell immer dadurch nachgewiesen werden, dass man zeigt, dass $A \subseteq B$ und $B \subseteq A$ ist. Wir zeigen zunächst $(M \cap N) \subseteq (N \cap M)$. Sei $x \in (M \cap N)$ daraus folgt, dass $x \in M \wedge x \in N$ ist. Also gilt auch $x \in N \wedge x \in M$. Hieraus folgt nach Definition der Schnittmengenoperation $x \in (N \cap M)$. Die Beweiskette gilt analog umgekehrt, wodurch gezeigt ist, dass $(N \cap M) \subseteq (M \cap N)$ und somit ist bewiesen, dass $(M \cap N) = (N \cap M)$.

Analog ist der Beweis für den zweiten Teil des Kommutativgesetzes $(M \cup N) = (N \cup M)$, welches sich auf die Mengenvereinigung bezieht, zu führen.

**Komplement einer Menge**

Das *Komplement* einer Menge M lässt sich nur im Kontext einer Obermenge E definieren, von der M Teilmenge ist. Es enthält alle Elemente aus E, die nicht in M enthalten sind:

$$C_E(M) = \{x \mid x \in E \wedge x \notin M\} = E \setminus M$$

**Beispiel**

Sei $M = \{2, 4\} \subseteq E = \{1, 2, 3, 4, 5\}$. Das Komplement von M in Bezug auf E ist dann die Menge $C_E(M) = \{1, 3, 5\}$.

Wenn die Menge E durch den gegebenen Kontext eindeutig klar ist, kann der Verweis auf E in der Notation für die Komplementmenge auch weggelassen werden. Dies muss jedoch wirklich garantiert sein. Wenn also jemand die Aussage macht: „Zu meinem Geburtstag lade ich alle außer Peter ein“ muss klar sein, auf welche Obermenge sich diese Aussage bezieht. Ansonsten darf er sich nicht wundern, wenn bei seinem Geburtstag unter anderem 1,3 Mrd. Chinesen vor der Haustür stehen. Ist die Obermenge tatsächlich klar, können wir statt $C_E(M)$ auch $\overline{M}$ schreiben. Analog zur Negation in der Aussagenlogik lassen sich mit der Komplementbildung weitere Gesetze der Mengenalgebra formulieren.

| | Name | Gesetz |
|---|---|---|
| 6. | Doppeltes Komplement | $C_E(C_E(M)) = M$ |
| 7. | DeMorgansche Regeln | $C_E(M \cap N) = C_E(M) \cup C_E(N)$<br>$C_E(M \cup N) = C_E(M) \cap C_E(N)$ |

***Tab. 3.2**: Gesetze der Mengenalgebra II*

Die letzte von uns betrachtete mengenalgebraische Operation ist die *Multiplikation von Mengen,* auch Kartesisches Produkt von Mengen genannt.

**Kartesisches Produkt**

Das *Kartesische Produkt,* oder auch *Kreuzprodukt* von Mengen genannt, definiert sich wie folgt:

$$M \times N = \{(x, y) \mid x \in M \wedge y \in N\}$$

**Beispiel**

Sei $M = \{a, b, c\}$ und $N = \{1, 2\}$

$$M \times N = \{(a, 1), (a, 2), (b, 1), (b, 2), (c, 1), (c, 2)\}$$

Die bisher gemachten Verknüpfungen lassen sich nicht nur auf je zwei Mengen sondern auf ganze Mengensysteme erweitern.

$M_1, M_2, M_3, \ldots, M_n$ seien Mengen mit $n > 2$. Wir definieren:

$$\bigcup_{i=1}^{n} M_i = M_1 \cup M_2 \cup \ldots \cup M_n$$ (Vereinigung von n Mengen)

$$\bigcap_{i=1}^{n} M_i = M_1 \cap M_2 \cap \ldots \cap M_n$$ (Durchschnitt von n Mengen)

$$\bigtimes_{i=1}^{n} M_i = M_1 \times M_2 \times \ldots \times M_n$$ (Kartesisches Produkt von n Mengen)

## 3.3 Relationen

In der Umgangssprache steht der Begriff Relation als Synonym für „Beziehung“ oder „Verhältnis“. Übertragen auf die Mathematik kann man sagen, dass eine Relation angibt, ob eine Beziehung zwischen zwei oder mehreren Elementen besteht oder nicht besteht. Die angesprochenen Elemente können dabei ein- und derselben Menge oder aber unterschiedlichen Mengen entnommen werden. Wir wollen im nächsten Abschnitt zunächst zweistellige Relationen betrachten, um uns dann mit deren Eigenschaften zu beschäftigen. Dann werden wir den Relationsbegriff auf n-stellige Relationen erweitern. Der Begriff der n-stelligen Relation ist grundlegend für das Verständnis relationaler Datenbanken.

### 3.3.1 Zweistellige Relationen

Seien $M_1$ und $M_2$ Mengen. Eine Relation R ist Teilmenge des kartesischen Produkts $M_1 \times M_2$, d.h. $R \subseteq M_1 \times M_2$. Ist $M = M_1 = M_2$, dann gilt $R \subseteq M^2$. Die Relation R ist somit eine Menge von geordneten Paaren $(a, b) \in R$. Für jedes $(a, b) \in R$ trifft die Relation zu. Wir schreiben dafür aRb oder R(a, b).

Aus der Mathematik sind uns folgende Relationen im Kontext von Zahlenmengen (z.B $M = \mathbb{N}, \mathbb{Z}$ oder $\mathbb{R}$) bekannt:

| Operator | Bedeutung |
|---|---|
| $<$ | Kleiner |
| $>$ | Größer |
| $\leq$ | Kleiner oder gleich |
| $\geq$ | Größer oder gleich |
| $=$ | Gleich |

***Tab. 3.3**: Zweistellige Relationen*

**Beispiele**

Gegeben seien die Mengen: $M_1 = \{a, b\}$; $M_2 = \{1, 2, 3\}$

$$R_1 = M_1 \times M_2 = \{(a, 1), (a, 2), (a, 3), (b, 1), (b, 2), (b, 3)\}$$

$R_1$ ist als kartesisches Produkt von $M_1$ und $M_2$ von der Mächtigkeit her die größtmögliche Relation zwischen $M_1$ und $M_2$. Die meisten Relationen sind allerdings (sehr starke) Einschränkungen dieser Obermenge, wie etwa

$$R_2 = \{(a, 2), (b, 1), (b, 3)\}$$

eine willkürlich aus $R_1$ entnommene Teilmenge.

Oft lassen sich die Tupel der Relation durch Angabe einer Eigenschaft spezifizieren. Wir bilden zunächst:

$M_2 \times M_2 = \{(1, 1), (1, 2), (1, 3), (2, 1), (2, 2), (2, 3), (3, 1), (3, 2), (3, 3)\}$

Hierauf definieren wir die Relation $R_<$ mit der Bedeutung xRy ist erfüllt, wenn x kleiner als y ist:

$R_< = \{(1, 2), (1, 3), (2, 3)\} \subseteq M_2 \times M_2$

Sei $M = \{1, 2, 4, 6, 12\}$, damit wäre $|M \times M| = |M| \times |M| = 25$. Wir definieren nun $R_3$ wie folgt

$R_3 = \{(x, y) \mid (x, y) \in M^2 \wedge x \text{ teilt } y \text{ ganzzahlig ohne Rest}\}.$

$R_3$ enthält damit die folgenden Paare:

$R_3 = \{(1, 1), (1, 2), (1, 4), (1, 6), (1, 12), (2, 2), (2, 4), (2, 6), (2, 12), (4, 4), (4, 12), (6, 6), (6, 12), (12, 12)\}$

## 3.3.2 Äquivalenz- und Ordnungsrelationen

Für Relationen können gewisse *Eigenschaften* angegeben werden, die von diesen erfüllt oder nicht erfüllt werden. Im Folgenden eine tabellarische Übersicht der wichtigsten Eigenschaften von Relationen:

| | **Bezeichnung** | **Bedeutung** |
|---|---|---|
| 1. | Reflexiv | $\forall\, x \in M$ gilt xRx |
| 2. | Irreflexiv | $\nexists\, x \in M$ mit xRx |
| 3. | Symmetrisch | $\forall\, x, y \in M$ gilt $xRy \rightarrow yRx$ |
| 4. | Asymmetrisch | $\forall\, x, y \in M$ gilt $xRy \rightarrow \neg yRx$ |
| 5. | Antisymmetrisch | $\forall\, x, y \in M$ gilt $xRy \wedge yRx \rightarrow x = y$ |
| 6. | Transitiv | $\forall\, x, y, z \in M$ gilt: aus $xRy \wedge yRz \rightarrow xRz$ |
| 7. | Linear | $\forall\, x, y \in M$ gilt: $xRy \vee yRx$ |
| 8. | Konnex | $\forall\, x, y \in M$ gilt: $x \neq y \rightarrow xRy \vee yRx$ |

***Tab. 3.4**: Eigenschaften von Relationen*

Obige Eigenschaften können dazu verwendet werden, eine Systematik innerhalb der Menge aller Relationen aufzubauen. Wir definieren und unterscheiden zunächst die *Äquivalenz-* von den *Ordnungsrelationen,* bevor wir in einem weiteren Abschnitt den *Abbildungen* als speziellen Relationen unsere Aufmerksamkeit widmen.

Manchmal ist es wichtig, innerhalb einer Menge die Elemente so in Teilmengen aufzuteilen, dass in jeder Teilmenge die Elemente zusammengefasst sind, die in Bezug auf die Erfüllung gewisser Eigenschaften als gleich oder gleichwertig anzusehen sind. Betrachten wir hierzu folgendes Beispiel: Ein Dorf verfügt über eine Grundschule mit angeschlossenem Kindergarten, den die Kinder ab einem Alter von 3 Jahre besuchen. Zur Abschätzung der Größe der Schulklassen in den kommenden Jahren ist es von Interesse, die Kinder nach Altersstufen einzuteilen. Wir definieren folgende Relation:

$M = \{x \mid x \text{ ist Kind im Kindergarten}\}$

$R_1 = \{(x, y) \mid (x, y) \in M^2 \wedge x \text{ ist so alt wie } y\}$

Untersuchen wir nun diese Relation im Hinblick auf die oben definierten Eigenschaften so können wir festhalten, dass die Relation

1. *Reflexiv* ist, da jedes Kind so alt ist wie es selbst.
2. *Symmetrisch* ist, denn wenn Anna so alt wie Paul ist, dann ist auch Paul so alt wie Anna.
3. *Transitiv* ist, denn wenn Anna so alt wie Paul ist und Paul so alt wie Petra, dann ist auch Anna so alt wie Petra.

Wir haben hier den Grundtypus einer *Äquivalenzrelation.* Eine Äquivalenzrelation teilt eine Grundmenge in *Äquivalenzklassen* ein. Die Äquivalenzklasse enthält somit alle Elemente einer Grundmenge, die in dieser Relation zueinander stehen. Im obigen Fall sind dies die Kinder einer Altersstufe. Wir definieren:

**Äquivalenzrelation**

Eine reflexive, symmetrische und transitive Relation heißt Äquivalenzrelation.

**Ordnungsrelationen**

Bei Ordnungsrelationen finden keine Klasseneinteilungen statt, sondern es erfolgt eine Anordnung der Elemente einer Grundmenge aufgrund gewisser Kriterien. Die Systematisierung der ordnungstheoretischen Grundbegriffe ist jedoch etwas komplexer. Wir beschränken uns auf die Erläuterung der *Quasi-, Halb- und Vollordnungen.*

**Quasiordnungen**

Bleiben wir zunächst bei dem Beispiel mit dem Kindergarten. Im Rahmen einer Theateraufführung sollen die Kinder nach aufsteigender Körpergröße aufgestellt werden. Wir definieren folgende Relation auf der Menge der Kindergartenkinder:

$M = \{x \mid x \text{ ist Kind im Kindergarten}\}$

$R_2 = \{(x, y) \mid (x, y) \in M^2 \wedge x \text{ ist größer als } y\}$

Wir stellen fest, dass obige Relation folgende Eigenschaften erfüllt:

Sie ist

1. *Irreflexiv*, denn kein Kind ist größer als es selbst (auch wenn manche Kinder in diesem Alter der Meinung sind).

2. *Transitiv*, denn wenn Anna größer als Paul ist und Paul größer als Petra, dann ist auch Anna größer als Petra.

Wir haben hiermit den Grundtyp einer *irreflexiven Quasiordnung*.

Hätten wir obige Relation etwa folgendermaßen formuliert

$M = \{x \mid x \text{ ist Kind im Kindergarten}\}$

$R_3 = \{(x, y) \mid (x, y) \in M^2 \wedge x \text{ ist größer oder gleich groß wie } y\}$

würden für diese Relation folgende Eigenschaften gelten:

1. Sie ist *reflexiv*, denn jedes Kind ist gleich groß wie es selbst.

2. Sie ist *transitiv*.

Wir haben hiermit den Grundtyp einer *reflexiven Quasiordnung*.

**Halbordnungen**

Von der Quasiordnung kommt man zur Halbordnung, indem man im Fall der irreflexiven Quasiordnung noch die *Asymmetrie* als Eigenschaft hinzunimmt und im Falle der reflexiven Quasiordnung noch die *Antisymmetrie*.

**Beispiele**

$M = \{x \mid x \text{ ist Kind im Kindergarten}\}$

$R_2 = \{(x, y) \mid (x, y) \in M^2 \wedge x \text{ ist größer als } y\}$

ist eine irreflexive Halbordnung, da sie *asymmetrisch* ist: Wenn Anna größer als Paul ist kann Paul nie größer als Anna sein. Wie sieht dies nun für den Fall von $R_3$ aus? Hier muss die *Antisymmetrie* geprüft werden:

$M = \{x \mid x \text{ ist Kind im Kindergarten}\}$

$R_3 = \{(x, y) \mid (x, y) \in M^2 \wedge x \text{ ist größer oder gleich groß wie } y\}$

Dies ist keine reflexive Halbordnung, denn es gilt zwar, dass wenn Paul größer oder gleich groß als Anna ist und Anna gleichzeitig größer oder gleich groß als Paul, dass dann Paul gleich groß wie Anna sein muss; aber Anna und Paul sind eben nicht *identisch*, was die Antisymmetrie fordern würde. Wegen der Forderung der Identität der Objekte in diesem Fall finden wir die Erfüllung der Antisymmetrieeigenschaft in der Regel nur in abstrakten Systemen (Zahlensysteme, Mengensysteme).

Standardbeispiel ist hierbei die $\leq$-Relation.

$\forall x, y \in \mathbb{R}$ gilt, falls $x \leq y \wedge y \leq x \rightarrow x = y$

Ebenso ist diese Eigenschaft für Mengen erfüllt. Der Beweis der Gleichheit zweier Mengen beruht in der Regel auf dem Nachweis der Antisymmetrieeigenschaft:

Seien A, B Mengen. Falls $A \subseteq B \wedge B \subseteq A \rightarrow A = B$

**Vollordnungen**

Von der Halbordnung kommt man zur Vollordnung, indem man im Fall der irreflexiven Halbordnung noch die Eigenschaft *Konnex* hinzunimmt und im Fall der Reflexiven Halbordnung noch die *Linearität*.

**Beispiele**

Relation $R_2$ unseres Kindergartenbeispiels „ist größer als“, welche als irreflexive Halbordnung identifiziert wurde, ist nicht *konnex*. Nehmen wir an, Paul ist gleich groß wie Anna, dann ist zwar Paul $\neq$ Anna aber es gilt weder, „Paul ist größer als Anna“ noch „Anna ist größer als Paul“.

Die Relation $R_3$ innerhalb der Kindergartenkinder „ist größer oder gleich groß“ wäre zwar linear, kann aber nicht als reflexive Vollordnung bezeichnet werden, weil schon die Antisymmetrieeigenschaft nicht erfüllt war.

Typisches Beispiel für eine irreflexive Vollordnung ist die „$<$“-Relation auf Zahlen. Typisches Beispiel für eine reflexive Vollordnung ist die „$\leq$“-Relation auf Zahlen.

Eine Übersicht über die oben erarbeitete Systematik der Ordnungsrelationen liefert die folgende Tabelle:

| | **Irreflexiv** | **Reflexiv** |
|---|---|---|
| **Quasiordnung** | Transitiv | Transitiv |
| **Halbordnung** | Asymmetrisch | Antisymmetrisch |
| **Vollordnung** | Konnex | Linear |

***Tab. 3.5:*** *Systematik der Ordnungsrelationen*

## 3.3.3 n-stellige Relationen

Bisher haben wir immer nur zweistellige oder binäre Relationen betrachtet, d.h. wir haben immer nur zwei Elemente, oft ein- und derselben Menge, zueinander in Beziehung gesetzt. Eine der wichtigsten Informatikanwendungen der Relationentheorie findet man im Bereich relationaler Datenbanken, den wir im nächsten Abschnitt betrachten. Dort benötigen wir allerdings die Erweiterung des Relationsbegriffs auf n-stellige Relationen.

### n-stellige Relation

Eine n-stellige Relation ist eine Teilmenge des n-fachen kartesischen Produkts von Mengen, also

$$R \subseteq M_1 \times M_2 \times \ldots \times M_n. \text{ Ist } M_1 = M_2 = \ldots = M_n = M \text{ sein, dann ist } R \subseteq M^n$$

Eine konkrete Relation ist somit eine Menge von Tupeln:

$$R = \{(x_{11}, x_{12}, \ldots, x_{1n}), (x_{21}, x_{22}, \ldots, x_{2n}), \ldots, (x_{k1}, x_{k2}, \ldots, x_{kn})\}$$

Diese Relation kann wie folgt in Tabellenform dargestellt werden:

| $M_1$ | $M_2$ | ... | $M_n$ |
|---|---|---|---|
| $x_{11}$ | $x_{12}$ | ... | $x_{1n}$ |
| $x_{21}$ | $x_{22}$ | ... | $x_{2n}$ |
| ... | ... | ... | ... |
| $x_{k1}$ | $x_{k2}$ | ... | $x_{kn}$ |

***Tab. 3.6**: Relation in Tabellendarstellung*

Die gesamte Tabelle mit all ihren Tupeln entspricht somit einer konkreten Relation zu einem bestimmten Zeitpunkt. Eine leere Tabelle bzw. der Tabellenkopf wird als *Schema* der Relation bezeichnet.

## 3.4 Abbildungen

*Abbildung* und *Funktion* sind synonyme Begriffe. Der Begriff Funktion wird dem Leser aus dem Bereich der Schulmathematik im Kontext der Kurvendiskussion bekannt sein. Wir wollen den Begriff der Abbildung oder Funktion hier jedoch aus einem anderen Blickwinkel, nämlich dem der Funktion als spezielle Relation, betrachten, und die damit zusammenhängenden Eigenschaften untersuchen.

### Abbildung, Funktion

Seien D und W beliebige Mengen. Die Zuordnung von Elementen einer Menge D zu einer Menge W durch eine Abbildungs- oder Zuordnungsvorschrift nennen wir *Abbildung* oder *Funktion*. Wir schreiben $f: D \to W$ bzw. auf Ebene der Elemente $x \in D$ und $y \in W$: $x \mapsto y$. D heißt dabei *Definitionsmenge* von f und W *Wertemenge* von f.

### Bild, Urbild

Sei $f: D \to W$ mit $x \mapsto y$ eine Abbildung, so wird jedem $x \in D$ genau ein $y \in W$ zugewiesen. Üblich ist hierbei auch die Schreibweise $x \mapsto f(x)$.

y heißt *Bild* von x und x ist das *Urbild* von y. Entsprechend bezeichnet man auch die Menge

$U = \{ x \mid x \in D \wedge \exists y \in W \text{ mit } y = f(x)\}$ als *Urbildmenge*

$B = \{ y \mid y \in W \wedge \exists x \in D \text{ mit } y = f(x)\}$ als *Bildmenge*

Funktionen kennen wir vor allem als Abbildungen innerhalb der reellen Zahlen, so etwa

$f: \mathbb{R} \to \mathbb{R}, x \mapsto x^2.$

Die Angabe einer Rechenvorschrift, bei der aus dem Urbild das Bild berechnet wird, ist jedoch keine zwingende Voraussetzung für eine Abbildung bzw. eine Funktion. Die Funktion kann auch durch eine völlig willkürliche Zuordnung der Elemente aus der Menge W zu Elementen aus der Menge D angegeben werden. Auch die Mengen D und W können dabei völlig unterschiedlich sein. Entscheidend ist nur, dass es zu einem Urbild genau ein Bild (und nicht etwa keines oder mehrere) gibt. Solche Funktionen können statt durch eine Berechnungsvorschrift durch eine Wertetabelle angegeben werden. Als Beispiel dient die folgende Tabelle, welche einen Teil der ASCII-Codierung wiedergibt. Es erfolgt hierbei eine eindeutige Zuordnung von Buchstaben und Sonderzeichen zu Zahlen zwischen 0 und 255, welche im Kontext der Informationsverarbeitung wichtig ist, da die Zahlen von 0 bis 255 wiederum als 8 Bit breite Dualzahlen innerhalb eines Computers dargestellt werden.

**Beispiel**

$f: \{a, \ldots, z\} \to \{97, \ldots, 122\}$

| x | a | b | c | ... | z |
|---|---|---|---|---|---|
| f(x) | 97 | 98 | 99 | ... | 122 |

In Bezug auf die Mengen D und W gilt somit für eine Abbildung $f: D \to W$:

$f = \{(x, f(x)) \mid x \in D \wedge f(x) \in W\} \subseteq D \times W$

Somit ist f als Teilmenge des kartesischen Produkts $D \times W$ immer auch eine Relation.

Der wesentliche Unterschied zu den bisher betrachteten Relationen ist der, dass es zu einem x-Wert nur einen einzigen $y = f(x)$-Wert geben darf. Man bezeichnet dies auch als *funktionalen Zusammenhang* zwischen x und y. Solche funktionale Zusammenhänge oder auch *funktionale Abhängigkeiten* zwischen den Elementen einer Relation werden im Kontext relationaler Datenbanksysteme wieder bedeutsam.

Für Abbildungen sind die folgenden Sonderfälle von Bedeutung:

**injektiv, surjektiv, bijektiv**

Sei $f: D \to W$ mit $x \mapsto f(x)$

f ist *injektiv* $\leftrightarrow f(x_1) = f(x_2) \to x_1 = x_2$

f ist *surjektiv* $\leftrightarrow \forall y \in W, \exists x \in D$ mit $f(x) = y$

f ist *bijektiv* $\leftrightarrow$ f injektiv und surjektiv

**Beispiel**

$f: \mathbb{R} \rightarrow \mathbb{R}; f(x) = x^2$

ist nicht injektiv, für das Bild y = 4 gibt es die zwei Urbilder x = -2 und x = 2. Diese Funktion ist auch nicht surjektiv, da es zu dem gesamten Bereich der Negativen Zahlen keine Urbilder gibt.

$f: \{a, \ldots, z\} \rightarrow \{97, \ldots, 122\}$

| x | a | b | c | ... | z |
|---|---|---|---|---|---|
| f(x) | 97 | 98 | 99 | ... | 122 |

Diese Funktion ist, wie auch die gesamte ASCII-Codierung, bijektiv. Jedes Bild hat genau ein Urbild.

# 3.5 Relationale Datenbanken

## 3.5.1 Relation in der Datenbanktheorie

In jedem Curriculum der Informatik oder Wirtschaftsinformatik nimmt die Datenbanktheorie einen wichtigen Raum ein. Die kommerzielle Datenverarbeitung basiert im Wesentlichen auf der effizienten Speicherung und Verwaltung großer Datenmengen. Massendatenverarbeitung erfolgt heute mit relationalen Datenbanksystemen auf Basis des relationalen Datenmodells. Die mathematische Grundlage hierzu liefert uns die *Relationenalgebra*.

Dieser Abschnitt kann und soll keine vollständige Einführung in die Theorie relationaler Datenbanken sein. Es sollen hier nur die Zusammenhänge zwischen relationalen Datenbanken und dem von uns eingeführten mathematischen Relationsbegriff hergestellt werden. Hierzu wiederholen wir zunächst die Definition einer Relation:

Es seien $M_1, M_2, \ldots M_n$ Mengen. Eine *n-stellige Relation R* ist eine Teilmenge des n-fachen kartesischen Produktes $M_1 \times M_2 \times \ldots \times M_n$. Eine konkrete Relation besteht damit aus einer Menge von Tupeln, die in Tabellenform dargestellt werden kann. Statt „Tupel" sagt man im Datenbankbereich allerdings „Datensatz". Eine Relationale Datenbank ist nichts anderes als eine Menge geeignet strukturierter Tabellen, welche die zu speichernden Daten in Form von Datensätzen enthalten.

Zur Verdeutlichung wählen wir ein praktisches Beispiel. Es soll eine relationale Datenbank erstellt werden, welche die Mitglieder eines Sportvereins verwaltet. Hierfür müssen wir uns zunächst Gedanken darüber machen, welche Eigenschaften bzw. welche Attribute im Kontext des Sportvereins für die Mitgliederverwaltung von Bedeutung sind. Für unser einfaches Beispiel soll es genügen, dass ein Mitglied durch Vorname, Nachname und Adresse, also PLZ, Wohnort, Straße und Hausnummer, beschrieben wird.

Der Sportverein hat zurzeit die drei Abteilungen Leichtathletik, Fußball und Turnen im Angebot. Es muss bei jedem Mitglied vermerkt werden, welche Sportart bzw. Sportarten es ausübt. Ein erster Entwurf für eine Tabellenstruktur, welche zur Vereinsverwaltung geeignet sein könnte, wäre etwa die folgende:

| **Nr.** | **Vorname** | **Nachname** | **PLZ** | **Ort** | **Straße** | **Sportart** |
|---|---|---|---|---|---|---|
| 1 | Peter | Müller | 78054 | Villingen-Schwenningen | Dorfstr. 12 | Fußball |
| 2 | Fritz | Maier | 78054 | Villingen-Schwenningen | Kaiserstr. 13 | Turnen |
| 3 | … | … | … | … | … | … |
| 4 | … | … | … | … | … | … |

***Tab. 3.7**: Beispielrelation Sportverein, 1. Entwurf*

Dem Leser wird schnell klar werden, dass obiger Entwurf in der Praxis auf ein Problem stößt. Wenn sich nun ein Mitglied für mehr als eine Sportart entscheidet, muss sein Datensatz mit allen Attributen für jede einzelne Sportart wiederholt werden. Hat nun also Peter Müller außer an Fußball noch Interesse an Turnen und Leichtathletik, wäre die Belegung der Tabelle wie folgt zu ändern:

| **Nr.** | **Vorname** | **Nachname** | **PLZ** | **Ort** | **Straße** | **Sportart** |
|---|---|---|---|---|---|---|
| 1 | Peter | Müller | 78054 | Villingen-Schwenningen | Dorfstr. 12 | Fußball |
| 1 | Peter | Müller | 78054 | Villingen-Schwenningen | Dorfstr. 12 | Leichtathletik |
| 1 | Peter | Müller | 78054 | Villingen-Schwenningen | Dorfstr. 12 | Turnen |
| 2 | Fritz | Maier | 78054 | Villingen-Schwenningen | Kaiserstr. 13 | Turnen |
| 3 | … | … | … | … | … | … |
| 4 | … | … | … | … | … | … |

***Tab. 3.8**: Beispielrelation Sportverein mit Änderungen*

Diese Tabelle sieht selbst für einen Datenbanklaien sofort unschön aus. Es wird hier ein Problem deutlich, welches in der Datenbanktheorie unter dem Begriff *Redundanz* bekannt ist. Ein und derselbe Sachverhalt wird an mehreren Stellen wiederholt gespeichert. Falls Peter Müller umzieht, muss seine neue Adresse an mehreren Stellen geändert werden. Wird ein einziger Datensatz hierbei vergessen, entsteht aus der Redundanz *Inkonsistenz* der Daten.

Eine erste naive Lösung des Problems könnte darin bestehen, dass für jede Sportart eine eigene Spalte angelegt wird. Hier könnte dann jeweils angekreuzt werden, welches Mitglied welche Sportart ausübt.

| Nr. | Vorname | Nachname | PLZ | Ort | Straße | Fußb. | Tu. | Leichtath. |
|---|---|---|---|---|---|---|---|---|
| 1 | Peter | Müller | 78054 | Villingen-Schwenningen | Dorfstr. 12 | x | x | x |
| 2 | Fritz | Maier | 78054 | Villingen-Schwenningen | Kaiserstr. 13 | | x | |
| 3 | ... | ... | ... | ... | ... | ... | ... | ... |
| 4 | ... | ... | ... | ... | ... | ... | ... | ... |

***Tab. 3.9**: Beispielrelation Sportverein, 2. Entwurf*

Diese Lösung ist jedoch deswegen schlecht, weil mit Aufnahme jeder neuen Sportart, die der Verein in Zukunft anbietet, die Tabellenstruktur geändert werden muss. Kommen fünf neue Sportarten hinzu, müssen 5 Spalten angefügt werden; fällt eine Sportart weg, muss eine Spalte gelöscht werden. Ein Großteil der Felder der Sportartspalten wird in der Praxis leer bleiben, da sich die Mitglieder schwerpunktmäßig für jeweils nur eine oder höchstens zwei Sportarten entscheiden. Die einzig vernünftige Lösung ist das Aufteilen der Tabelle in die zwei Tabellen *Mitglieder* und *Ausgeübte_Sportart.*

| Nr. | Vorname | Nachname | PLZ | Ort | Straße |
|---|---|---|---|---|---|
| 1 | Peter | Müller | 78054 | Villingen-Schwenningen | Dorfstr. 12 |
| 2 | Fritz | Maier | 78054 | Villingen-Schwenningen | Kaiserstr. 13 |
| 3 | ... | ... | ... | ... | ... |
| 4 | ... | ... | ... | ... | ... |

***Tab. 3.10**: Beispielrelationen Sportverein, 3. Entwurf, Tabelle Mitglieder*

| Nr. | Sportart |
|---|---|
| 1 | Fußball |
| 1 | Turnen |
| 1 | Leichtathletik |
| 2 | Turnen |
| 3 | ... |
| 4 | ... |

***Tab. 3.11**: Beispielrelationen Sportverein, 3. Entwurf, Tabelle Ausgeübte_Sportart*

Der Vorgang des korrekten Zerlegens einer Tabelle in mehrere Tabellen wird in der Datenbanktheorie als *Normalisierungsprozess* bezeichnet. Hierzu gibt es eine Theorie, welche die Einhaltung der sog. *Normalformen* (Erste, zweite, dritte und weitere Normalformen) durch die korrekte Zerlegung einer Relation in mehrere nun voneinander abhängige Relationen zum Ziel hat. Die weitere Erörterung dieser Theorie gehört jedoch eindeutig in eine Vorlesung über Datenbanktheorie. An dieser Stelle genügt es völlig, mit dem obigen einfachen Beispiel zu verstehen, dass eine relationale Datenbank typischerweise nicht nur aus einer, sondern aus vielen voneinander abhängigen Relationen besteht, welche über Schlüssel zueinander in Beziehung stehen.

Als *Schlüssel* wird hierbei ein Attribut oder eine Attributkombination bezeichnet, die ein Tupel innerhalb einer Relation eindeutig kennzeichnet. In der Tabelle „Mitglieder“ ist dies die Mitgliedsnummer, in der Tabelle Sportart ist der Schlüssel die Attributkombination Nr. und Sportart zusammen! Weiter wird in der Tabelle Sportart die Nr. alleine als *Fremdschlüs-*

*sel* bezeichnet. Der Fremdschlüssel ist ein Attribut, welches in einer anderen Relation *Primärschlüssel* ist. Über die Primärschlüssel-Fremdschlüsselbeziehung wird die Referenz hergestellt, die es erlaubt, den Mitgliedern wieder die von ihnen ausgeübten Sportarten zuzuordnen.

Ausgehend vom obigen kleinen Beispiel kann nun zusammengefasst werden, wie die Definition einer Datenbank im relationalen Modell erfolgt. Wir haben hierbei zu entscheiden über die Anzahl, die Bedeutung und die Namen der einzelnen Relationen (Tabellen) sowie für jede einzelne Relation über die Attributnamen und deren Wertebereiche. Zusätzlich ist für jede Relation ein Primärschlüssel zu bestimmen. Darüber hinaus gibt es weitere *semantische Integritätsbedingungen* innerhalb einer Tabelle, welche hier nur beispielhaft angesprochen werden. So können gewisse Feldinhalte als „Mussfelder" definiert werden, dürfen damit beim Anlegen eines Datensatzes also nicht leer gelassen werden. Andere Feldinhalte werden auf das Erfüllen gewisser Bedingungen geprüft, so muss z.B. eine Postleitzahl in Deutschland 5-stellig und numerisch sein.

Darüber hinaus gibt es relationsübergreifende Integritätsbedingungen, die aus den Primärschlüssel-Fremdschlüsselbeziehungen zwischen Tabellen resultieren. Diese werden deswegen als *referentielle Integritätsbedingungen* bezeichnet und machen eine Aussage darüber, wie später in der Datenbank zu verfahren ist, wenn ein Datensatz manipuliert wird, bei dem eine Referenz zu einem anderen Datensatz durch die erwähnte Primärschlüssel-Fremdschlüsselbeziehung existiert. So dürften im obigen Beispiel sicher keine Mitglieder aus der Tabelle „Mitglieder" gelöscht werden, solange sie noch in der Tabelle „ausgeübte_Sportart" irgendwelchen Sportarten zugeordnet sind.

## 3.5.2 Relationenalgebra

Bei der Relationenalgebra geht es um Operationen auf Relationen. Ähnlich wie bei der Mengenalgebra, bei der die Ergebnisse mengenalgebraischer Operationen wieder Mengen sind, ist das Ergebnis einer relationenalgebraischen Operation wieder eine Relation. Die Relationenalgebra ist für einen Informatiker deswegen von so großer Bedeutung, weil sie die theoretische Grundlage für die Programmiersprache SQL als Standardabfragesprache relationaler Datenbanksysteme ist. Die Darstellung von Relationen erfolgt bei uns im Folgenden grundsätzlich in Form von Tabellen.

Betrachten wir zunächst die uns aus der Mengenalgebra bekannten Operationen. Da Relationen immer auch Mengen sind, können diese unmittelbar auf Relationen übertragen werden. Es sind dies die *Vereinigung*, die *Durchschnittsbildung*, die *Differenzmengenbildung* und das *kartesische Produkt*. Die hierfür verwendeten Operatoren sind uns aus der Mengenalgebra bekannt.

Ausgehend von den Relationen r und s bilden wir:

$r \cap s$ (Durchschnitt von Relationen)

$r \cup s$ (Vereinigung von Relationen)

r \ s (Differenz von Relationen)

r × s (Kartesisches Produkt von Relationen)

**Beispiel**

Gegeben seien die folgenden Relationen r, s und t:

| r | a | b | c |
|---|---|---|---|
| | a1 | b1 | c1 |
| | a1 | b1 | c2 |
| | a2 | b2 | c1 |
| | a2 | b2 | c2 |

| s | a | b | c |
|---|---|---|---|
| | a1 | b1 | c2 |
| | a2 | b2 | c2 |
| | a3 | b2 | c2 |

| t | d |
|---|---|
| | d1 |
| | d2 |

***Tab. 3.12**: Beispielrelationen für Datenbankoperationen*

Eine Vereinigung von Relationen kann es nur bei vereinigungskompatiblen Relationsschemata geben. Im obigen Fall sind dies die Relationen r und s. Wir können damit r ∪ s bilden.

| r ∪ s | a | b | c |
|---|---|---|---|
| | a1 | b1 | c1 |
| | a1 | b1 | c2 |
| | a2 | b2 | c1 |
| | a2 | b2 | c2 |
| | a3 | b2 | c2 |

***Tab. 3.13**: Vereinigung von Relationen*

Wie von der Mengenalgebra her gewohnt gibt es kein Mehrfachauftreten ein und desselben Elementes in einer Relation. Die zwei Tupel (a1, b1, c2), (a2, b2, c2) tauchen bei r ∪ s also nur einmal auf. Es sind in diesem Beispiel auch genau die Tupel, welche im Schnitt der beiden Mengen enthalten sind. Somit ist r ∩ s:

| r ∩ s | a | b | c |
|---|---|---|---|
| | a1 | b1 | c2 |
| | a2 | b2 | c2 |

***Tab. 3.14**: Durchschnitt von Relationen*

Ähnlich geht es für die Differenzmengenbildung. Die zwei Tupel (a1, b1, c2), (a2, b2, c2) werden von r abgezogen. Somit ist r \ s:

| r \ s | a | b | c |
|---|---|---|---|
| | a1 | b1 | c1 |
| | a2 | b2 | c1 |

***Tab. 3.15**: Differenz von Relationen*

Als letztes wollen wir das kartesische Produkt von Relationen bilden. Hier ist es nicht nötig, dass die Relationsschemata zueinander kompatibel sind. Somit kann das kartesische Produkt zwischen beliebigen Relationen gebildet werden. Wir bilden $r \times t$, indem wir jedes Tupel der ersten Relation mit jedem Tupel der zweiten Relation verknüpfen.

| r × t | a | b | c | d |
|---|---|---|---|---|
| | a1 | b1 | c1 | d1 |
| | a1 | b1 | c1 | d2 |
| | a1 | b1 | c2 | d1 |
| | a1 | b1 | c2 | d2 |
| | a2 | b2 | c1 | d1 |
| | a2 | b2 | c1 | d2 |
| | a2 | b2 | c2 | d1 |
| | a2 | b2 | c2 | d2 |

***Tab. 3.16**: Kartesisches Produkt von Relationen*

Je nach Datenbankhersteller gibt es auch Implementierungen dieser mengenalgebraischen Operationen im Rahmen von SQL, z.B. *Union* für die Mengenvereinigung. Im Kontext relationaler Datenbanken sind die „echten“ Relationenoperationen die interessanteren Datenbankabfragen. Es sind dies die *Selektion*, die *Projektion* und die *Join*-Operation.

## Selektion

Bei der Selektion geht es um die Auswahl von Tupeln aus einer Relation. Eine typische praktische Fragestellung in Bezug auf unseren Sportverein könnte hierbei sein:

> „Welche Vereinsmitglieder wohnen in Villingen-Schwenningen?“

Dies entspricht einer Datenbankabfrage, die präziser lauten würde:

> Suche alle Vereinsmitglieder
> aus der Tabelle Mitglieder
> mit der Eigenschaft, dass im Feld Ort „Villingen-Schwenningen“ steht

Ohne dass in diesem Buch eine „offizielle“ Einführung in SQL gegeben wird, erstaunt es doch, wie nah die korrekte Umsetzung dieser Anfrage in SQL an der obigen Formulierung ist:

> **select** * (der Stern steht hierbei als Abkürzung für die Auswahl aller Attribute)
> **from** Mitglieder
> **where** Ort = „Villingen-Schwenningen“.

In Bezug auf unsere Beispielrelation würde das Ergebnis wie folgt aussehen:

| Nr. | Vorname | Nachname | PLZ | Ort | Straße |
|---|---|---|---|---|---|
| 1 | Peter | Müller | 78054 | Villingen-Schwenningen | Dorfstr. 12 |
| 2 | Fritz | Maier | 78054 | Villingen-Schwenningen | Kaiserstr. 13 |
| 5 | Hans | Maier | 78054 | Villingen-Schwenningen | Forststr. 8 |
| 8 | … | … | … | … | … |

***Tab. 3.17**: SQL-Ausgabe bei Selektion*

Wir verwenden für die Selektion σ in einer Relation r gemäß der Erfüllung von Bedingung F die folgende Schreibweise:

$\sigma_F(r) = \{x \in r \mid x \text{ erfüllt die Bedingung } F\}$

Konkret auf unser obiges Beispiel bezogen also:

$\sigma_{\text{Ort=Villingen-Schwenningen}}(\text{Mitglieder})$

### Projektion

Bei der Projektion handelt es sich um die Auswahl von Spalten aus einer vorgegebenen Tabelle. Eine praktische Fragestellung in Bezug auf unseren Sportverein könnte hierbei das Erstellen einer Unterschriftenliste für die Vereinsvollversammlung sein. Gewünscht ist hier nur ein Blatt Papier, welches die Vornamen und Nachnamen aller Mitglieder enthält. Ein anderes Beispiel wäre eine Liste, die die Frage beantwortet, welche Sportarten der Verein anbietet. Die entsprechenden Datenbankabfragen lauten:

Suche die Vornamen und die Nachnamen
aus der Tabelle Mitglieder

bzw.

Suche die Sportarten
aus der Tabelle Ausgeübte_Sportart

Auch hier sind die Umsetzungen in SQL leicht verständlich:

**select** Vorname, Nachname
**from** Mitglieder

bzw.

**select** Sportart
**from** Ausgeübte_Sportart

Im letzten Fall würde die Ergebnisliste als SQL-Ausgabe dann z.B. so aussehen:

| Sportart |
|---|
| Fußball |
| Leichtathletik |
| Turnen |
| Turnen |
| Leichtathletik |
| Fußball |
| ... |

***Tab. 3.18**: SQL-Ausgabe bei Projektion*

Dem Leser wird aufgefallen sein, dass diese Ausgabe mengentheoretisch gesehen falsch ist. In einer Menge darf ein Element nicht mehrfach auftreten. SQL reagiert in der Praxis aber tatsächlich so wie oben angegeben. Die mengentheoretisch korrekte Ausgabe erhält man, indem man die Elimination von Duplikaten erzwingt. Dies erfolgt durch die Angabe des Zusatzes *distinct* nach der select-Anweisung:

**select distinct** Sportart
**from** Ausgeübte_Sportart

Innerhalb der Relationenalgebra verwenden wir für die Projektion Π einer Relation r auf Attributsmenge Y die folgenden alternativen Schreibweisen:

$\Pi_y(r)$ bzw. r.Y

konkret auf unser obiges Beispiel bezogen also:

$\Pi_{\text{Sportart}}$(Ausgeübte_Sportart) bzw. Ausgeübte_Sportart.Sportart

## Join

Die *Join-* oder die *Verbundoperation* ermöglicht das Zusammensetzen von Tabellen bzgl. gleicher Spalten. Hiermit werden die Primärschlüssel-Fremdschlüsselbezüge wieder aufgelöst, welche zum Zweck der Normalisierung bei der Zerlegung einer Relation in mehrere Tabellen entstehen. Als Beispiel soll die folgende Fragestellung dienen:

> „Es soll eine Liste mit den Vor-, Nachnamen und der ausgeübten Sportart aller Vereinsmitglieder ausgegeben werden".

Bei Betrachtung des 3. Entwurfs unserer Datenbank (Tab. 3.10 und 3.11) fällt auf, dass diese Frage nur unter Verwendung beider Tabellen zu beantworten ist. Wir müssen die Tabellen hierzu wieder gedanklich bzgl. sich entsprechender Primärschlüssel-Fremdschlüssel „verbinden". Die entsprechende Datenbankoperation heißt deswegen *Verbundoperation* oder *Join* und kann im konkreten Fall wie folgt formuliert werden:

Suche Vorname, Nachname sowie Sportart
aus den Tabellen Mitglieder und Ausgeübte_Sportart
wobei die Mitgliedsnummer innerhalb der Tabelle „Mitglieder“ der Mitgliedsnummer innerhalb der Tabelle „Ausgeübte_Sportart“ entsprechen muss.

In SQL:

**select** Vorname, Nachname, Sportart
**from** Mitglieder, Ausgeübte_Sportart
**where** Mitglieder.Nr = Ausgeübte_Sportart.Nr

Die Ergebnisliste als SQL-Ausgabe wird so aussehen:

| Vorname | Nachname | Sportart |
|---|---|---|
| Peter | Müller | Fußball |
| Peter | Müller | Turnen |
| Peter | Müller | Leichtathletik |
| Fritz | Maier | Turnen |
| ... | ... | Fußball |

***Tab. 3.19**: SQL-Ausgabe bei Join*

Innerhalb der Relationenalgebra verwenden wir für den Join von zwei Relationen r und s die folgende Schreibweise:

$r \bowtie s$

konkret auf unser obiges Beispiel bezogen also:

$\Pi_{[\text{Vorname, Nachname, Sportart}]}(\text{Mitglieder} \bowtie \text{Ausgeübte\_Sportart})$

Hierbei fällt auf, dass das Attribut, bezüglich dessen gejoint wird, in der Schreibweise der Relationenalgebra gar nicht auftaucht. Gejoint wird dann immer bezüglich der Attribute, die den gleichen Spaltennamen und denselben Spalteninhalt haben. Man bezeichnet dies auch als *natural-Join*. In unserem Beispiel erfolgt der Join dann automatisch gemäß dem Feld „Nr.“ in beiden Tabellen.

## 3.5.3 Funktionale Abhängigkeiten in Relationen

Im vorigen Abschnitt hatten wir einen Zusammenhang zwischen Relation und Funktion hergestellt, indem wir Funktionen als spezielle Relationen erkannt haben. Bei Funktionen ist es prinzipiell möglich, durch Angabe einer Abbildungsvorschrift aus einem Urbild eindeutig auf das Bild zu schließen. Die Frage ist nun, ob es solche „funktionalen“ Zusammenhänge im Datenbankbereich innerhalb von Relationen auch gibt. Diese Frage ist eindeutig mit ja zu beantworten. Die Weiterverfolgung dieser Fragestellung liefert das grundlegende theoretische Rüstzeug für den im vorigen Abschnitt schon einmal angesprochen Normalisierungsprozess, also das korrekte Zerlegen von großen Relationen in mehrere kleine. Nur Relationen, welche sauber normalisiert sind, führen in der täglichen Arbeit mit der Datenbank nicht zu Problemen. „Tägliche Arbeit“ mit der Datenbank heißt hierbei das *Einfügen (insert)*, *Ändern (update)* oder *Löschen (delete)* von Datensätzen. „Zu Problemen führen“ heißt wiederum, dass die Datenbank bei nicht korrekter Normalisierung der Relationen durch eben diese Operationen inkonsistent werden kann.

Es muss an dieser Stelle noch einmal erwähnt werden, dass die ausführliche Erörterung der Normalisierungstheorie eindeutig in eine Vorlesung über Datenbanken gehört. Uns genügt es, den Begriff der *Funktionalen Abhängigkeit* im Datenbankkontext zu verstehen. Betrachten wir hierzu noch einmal die Tabelle *Mitglieder* (Tabelle 3.10) aus dem Sportverein. Innerhalb dieser Relation haben wir die Nummer als Schlüssel festgelegt. Der Schlüssel einer Relation muss nicht notwendigerweise aus nur einem Attribut bestehen. Es kann sich bei einem Schlüssel auch um eine Kombination mehrerer Attribute handeln. Diesen Fall finden wir in der Tabelle A*usgeübte_Sportart* (Tabelle 3.11). Entscheidend für einen Schlüssel sind zwei Eigenschaften:

**Schlüsseleigenschaften**

(1) Ein Schlüssel muss innerhalb einer Relation einen Datensatz *eindeutig identifizieren.*

(2) Ein Schlüssel muss im Sinne der Eigenschaft 1) *minimal* sein, d.h. er darf keine überflüssigen Attribute enthalten.

Eigenschaft (1) ist leicht zu verstehen. Hier wird auch klar, dass der Nachname einer Person für einen Verein oder ein Unternehmen als Schlüssel ungeeignet ist. Aber auch die Kombination von Vor- und Nachname lässt zweifeln, dass hierbei für alle Zeiten die Schlüsseleigenschaft (1) garantiert ist. Da dies auch für viele andere Attributkombinationen, insbesondere in Bezug auf Personen, zutrifft, geht man im Datenbankbereich meist dazu über, ein neues künstliches Attribut einzuführen, welches den Datensatz garantiert eindeutig identifiziert. In unserem Sportverein war dies die Mitgliedsnummer. Im Alltag ist dies dann typischerweise eine Kundennummer, eine Artikelnummer, eine Kontonummer etc.

Nun zu der etwas unklareren Eigenschaft (2) von oben. Am Beispiel des Sportvereins wird klar, dass selbstverständlich auch Attributskombinationen, welche das Attribut „Nr.“ mitenthalten, nach wie vor identifizierend sind, also obige Eigenschaft (1) erfüllen, so z.B.:

{Nr., Vorname, Nachname, Wohnort}

{Nr., Vorname, Nachname}

Dies logischerweise aufgrund der Tatsache, dass mit Kenntnis der Mitgliedsnummer der entsprechende Datensatz eindeutig identifiziert werden kann. Alle weiteren Attribute sind also *überflüssig*. Eigenschaft (2) von oben wäre somit für die gerade angegebenen Attributskombinationen nicht erfüllt, diese sind somit auch keine Schlüssel.

Eigenschaft (1) von oben kann nun allerdings auch noch anders formuliert werden. Nehmen wir an, wir haben innerhalb einer Relation ein Attribut oder eine Attributkombination, durch dessen oder deren Kenntnis immer auf den Rest des Datensatzes *geschlossen* werden kann.

Dann haben wir nichts anderes als einen *funktionalen Zusammenhang* zwischen zwei Attributsmengen.

Solche funktionalen Zusammenhänge kann es nun innerhalb von Relationen nicht nur zwischen dem Schlüssel und den Nichtschlüsselattributen geben, sondern auch zwischen beliebigen Teilmengen von Attributen. Wir nennen solche funktionalen Zusammenhänge zwischen Attributsmengen A und B im Datenbankbereich *funktionale Abhängigkeiten* und stellen sie wie folgt dar:

A → B

**Beispiel**

In der Tabelle *Mitglieder* finden wir z.B. die folgenden funktionalen Abhängigkeiten:

Nr. → Vorname

Nr. → Name

Nr.→ PLZ

Nr. → Ort

Nr. → Straße

Das ist nicht weiter verwunderlich, da Nr. ja der Schlüssel der Relation ist. Allerdings ist in dieser Relation noch eine weitere funktionale Abhängigkeit versteckt, die erst beim zweiten Blick auffällt. Da innerhalb von Deutschland einer Postleitzahl immer ein und derselbe Ortsnamen zugeordnet ist gilt:

PLZ → Ort

Ort → PLZ gilt dahingegen nicht, da größere Städte in viele Postleitzahlbezirke aufgeteilt sind. Die Tatsache, dass Ort von PLZ funktional abhängig ist, führt zu Redundanzen. Der Ortsname muss immer wieder dort aufgeführt werden, wo die entsprechende PLZ auftaucht. Der Grund liegt in der folgenden Kette funktionaler Abhängigkeiten.

Nr. → PLZ→ Ort

Eine solche Verkettung wird in der Datenbanktheorie als *transitive funktionale Abhängigkeit* bezeichnet und ist exakt der Grund für die o.a. Problematik. Die Normalisierung solcher Relationen erfolgt dann wieder über die geeignete Zerlegung in zwei Relationen, welche die transitive funktionale Abhängigkeit herausschneidet:

| Nr. | Vorname | Nachname | PLZ | Straße |
|---|---|---|---|---|
| 1 | Peter | Müller | 78054 | Dorfstr. 12 |
| 2 | Fritz | Maier | 78054 | Kaiserstr. 13 |
| 3 | … | … | … | … |
| 4 | … | … | … | … |

***Tab. 3.20**: Beispielrelationen Sportverein, 4. Entwurf, Tabelle Mitglieder*

| PLZ | Ort |
|---|---|
| 78054 | Villingen-Schwenningen |
| 78126 | Königsfeld |
| … | … |

***Tab. 3.21**: Beispielrelationen Sportverein, 4. Entwurf, Tabelle Orte*

## 3.6 Aufgaben zu Kapitel 3

### Aufgabe 3.1

Gegeben seien die folgenden Mengen

$A_1 = \{1, 2, 4, 6\}$, $A_2 = \{2, 3, 4, 6, 8\}$, $A_3 = \{\text{rot, grün, blau}\}$

Was ist das Ergebnis der folgenden Operationen?

a) $A_1 \cap A_2$, $A_1 \cup A_2$, $A_1 \setminus A_2$, $A_2 \setminus A_1$

b) $A_1 \cap A_3$, $A_1 \cup A_3$, $A_1 \setminus A_3$, $A_3 \setminus A_1$

c) $A_1 \times A_3$

### Aufgabe 3.2

Gegeben seien die Mengen $M = \{1, 2, 5\}$

a) Bilden Sie $\mathcal{P}(M)$

b) Bilden Sie folgende Relation auf $\mathcal{P}(M)$: $R = \{(x, y) \mid (x, y) \in \mathcal{P}(M)^2 \wedge x \subset y\}$.

### Aufgabe 3.3

Gegeben sei die folgende Menge $M = \{x \mid x \text{ ist Einwohner von Stuttgart}\}$ und die folgenden Relationen $R_1, \ldots, R_6$ in M.

$R_1 = \{(x, y) \mid x, y \in M \wedge x \text{ ist der Vater von } y\}$

$R_2 = \{(x, y) \mid x, y \in M \wedge x \text{ rennt schneller als } y\}$

$R_3 = \{(x, y) \mid x, y \in M \wedge x$ und y haben dieselbe Nationalität$\}$

$R_4 = \{(x, y) \mid x, y \in M \wedge x$ ist verheiratet mit y$\}$

$R_5 = \{(x, y) \mid x, y \in M \wedge x$ ist mit y befreundet$\}$

$R_6 = \{(x, y) \mid x, y \in M \wedge x$ ist schöner als y$\}$

a) Prüfen Sie für die obigen Relationen die Gültigkeit der folgenden Eigenschaften:

| | **Bezeichnung** | **Bedeutung** |
|---|---|---|
| 1. | Reflexiv | $\forall x \in M$ gilt xRx |
| 2. | Irreflexiv | $\nexists x \in M$ mit xRx |
| 3. | Symmetrisch | $\forall x, y \in M$ gilt $xRy \rightarrow yRx$ |
| 4. | Asymmetrisch | $\forall x, y \in M$ gilt $xRy \rightarrow \neg yRx$ |
| 5. | Antisymmetrisch | $\forall x, y \in M$ gilt $xRy \wedge yRx \rightarrow x = y$ |
| 6. | Transitiv | $\forall x, y, z \in M$ gilt: $xRy \wedge yRz \rightarrow xRz$ |
| 7. | Linear | $\forall x, y \in M$ gilt: $xRy \vee yRx$ |
| 8. | Konnex | $\forall x, y \in M$ gilt: $x \neq y \rightarrow xRy \vee yRx$ |

b) Gibt es innerhalb der Relationen $R_1, \ldots, R_6$ eine Äquivalenzrelation bzw. eine reflexive/irreflexive Quasi-, Halb- bzw. Vollordnung?

**Aufgabe 3.4**

Gegeben sei die folgende Funktion

$f: \mathbb{R} \rightarrow \mathbb{R}, f(x) = x^3.$

Ist diese Funktion injektiv, surjektiv, bijektiv?

**Aufgabe 3.5**

In unterschiedlichen Bereichen der Informatik spielt die modulo-Division eine wichtige Rolle. Es handelt sich hierbei um den ganzzahligen Rest bei der Division. Gegeben sei

$f: \mathbb{N}_0 \rightarrow \{0, 1, 2, 3, 4\}; f(x) = x \bmod 5$

Ist diese Funktion injektiv, surjektiv bzw. bijektiv?

### Aufgabe 3.6

Gegeben seien Relationsschemata $R_i$ und konkrete Relationen $r_i$

| r1 | a | b | c |
|---|---|---|---|
| | 1 | 1 | 1 |
| | 1 | 2 | 2 |
| | 2 | 0 | 2 |

| r2 | c | d | e |
|---|---|---|---|
| | 1 | 1 | 0 |
| | 0 | 1 | 1 |
| | 2 | 1 | 0 |
| | 2 | 2 | 1 |

| r3 | b | c | d |
|---|---|---|---|
| | 1 | 1 | 2 |
| | 1 | 2 | 3 |
| | 2 | 2 | 1 |
| | 2 | 2 | 3 |

Man bilde:

a) $\Pi_{ab}(\sigma_{(c>1)}(r_1 \bowtie r_3))$

b) $(\Pi_{bc}(r_3)) \bowtie r_2)$

c) $r_1 \bowtie r_2 \bowtie r_3$

### Aufgabe 3.7

Gegeben sei folgender Auszug einer Kundendatei eines Versandhandels. Welche funktionalen Abhängigkeiten sind zwischen jeweils zwei Attributen zu erkennen? Welche davon betrachten Sie als zufällig, welche sollten für die Tabelle immer gültig sein?

| KNR | Vorname | Nachname | PLZ | Wohnort | Straße | Hausnummer |
|---|---|---|---|---|---|---|
| 1236 | Peter | Müller | 70173 | Stuttgart | Turnseestr. | 12 |
| 1269 | Alfons | Meier | 10115 | Berlin | Waldstr. | 15 |
| 3452 | Rudi | Walther | 30966 | Hannover | Hochstr | 16 |
| 5436 | Erika | Danner | 10115 | Berlin | Wannseestr. | 234 |
| 7658 | Peter | Müller | 10115 | Berlin | Hochstr | 12 |
| 2493 | Peter | Unger | 70173 | Stuttgart | Waldstr. | 15 |

# 4 Boolesche Algebra und Schaltalgebra

## 4.1 Boolesche Algebren

Nach dem Kennenlernen der Aussagenlogik und der Mengenalgebra in den vorangegangenen Kapiteln können wir nun zu einer übergeordneten Struktur, der sog. Booleschen Algebra, übergehen. Diese kann ohne Übertreibung als die grundlegende algebraische Struktur der Informatik angesehen werden. Sie ist in ihrer Ausprägung als Schaltalgebra die Grundlage für den Entwurf und die Realisierung digitaler Schaltungen und damit die Grundlage für den Bau von Computern. Dies ist vor allem vor dem Hintergrund der Tatsache interessant, dass sie von George Boole (1815–1864) zu einer Zeit weit vor der Entwicklung der ersten Computer formuliert wurde. Wir wollen uns zunächst der allgemeinen Definition einer Booleschen Algebra zuwenden. Für diese algebraische Struktur benötigen wir eine Menge M und drei auf dieser Menge definierte Verknüpfungen. Das Ergebnis dieser Verknüpfungen liegt wieder in M, d.h. die Abgeschlossenheit der Verknüpfungen ist erfüllt. Um allgemeingültig zu bleiben verzichten wir bei der Formulierung der Booleschen Algebra bewusst auf Verknüpfungssymbole, welche durch ihre bisherige Verwendung gedanklich vorbelegt sind. Also verwenden wir statt der bekannten Symbole $\neg$, $\wedge$ und $\vee$ die Symbole $\sim$, $\otimes$ und $\oplus$.

**Definition einer Booleschen Algebra**

Eine *Boolesche Algebra* ist eine algebraische Struktur (M, $\otimes$, $\oplus$, $\sim$) bestehend aus einer Menge M mit mindestens zwei Elementen. Sie besitzt zwei zweistellige Verknüpfungen, welche wir Boolesches Produkt und Boolesche Summe nennen und eine einstellige Verknüpfung, die wir Boolesches Komplement nennen:

$\otimes: M \times M \to M, (a, b) \to a \otimes b$ (Boolesches Produkt)

$\oplus: M \times M \to M, (a, b) \to a \oplus b$ (Boolesche Summe)

$\sim: M \to M, a \to \sim a$ (Boolesches Komplement)

Die Axiomatik für die Boolesche Algebra ist die folgende:

*Kommutativgesetze*

$\forall a, b \in M: \quad a \otimes b = b \otimes a$

$\forall a, b \in M: \quad a \oplus b = b \oplus a$

*Distributivgesetze*

$\forall a, b, c \in M: \quad a \otimes (b \oplus c) = (a \otimes b) \oplus (a \otimes c)$

$\forall a, b, c \in M: \quad a \oplus (b \otimes c) = (a \oplus b) \otimes (a \oplus c)$

*Existenz neutraler Elemente O und 1*

$\exists 1 \in M: \quad \forall a \in M: a \otimes 1 = a$

$\exists 0 \in M: \quad \forall a \in M: a \oplus 0 = a$

*Komplementgesetze*

$\forall a \in M: \quad a \otimes \sim a = 0$

$\forall a \in M: \quad a \oplus \sim a = 1$

Wie man leicht sieht, existieren die Booleschen Axiome immer auf zweifache Art und Weise. Im Fall der oben angegeben Axiome sieht man, dass durch das gleichzeitige Vertauschen von 0 mit 1 und $\otimes$ mit $\oplus$ aus einem Axiom jeweils das andere erzeugt werden kann. Dies führt zur Formulierung eines Satzes, den wir ohne Beweis im Folgenden anführen:

**Dualitätsprinzip**

Zu jeder aus den Axiomen der Booleschen Algebra ableitbaren Formel existiert eine duale Formel. Sie entsteht durch Vertauschung von $\otimes$ mit $\oplus$ und von 0 mit 1.

Dieser Satz erleichtert uns in Zukunft die Herleitung weiterer Sätze enorm. Wenn wir einen Satz bewiesen haben, können wir die dazu duale Formel auch ohne gesonderten Beweis als gültig annehmen. Aus den oben angegebenen Axiomen lassen sich nun weiter Gesetze herleiten. Diese sind uns zwar zum Großteil namentlich aus dem Bereich der Aussagenlogik bekannt und konnten dort auch mithilfe der Wahrheitstafeln für diesen Bereich bewiesen werden, dennoch wäre es unzulässig, sie damit auch für den Bereich der Booleschen Algebra als bewiesen anzusehen. Streng genommen müssen wir alle untenstehenden Gesetze ausschließlich unter Verwendung der Axiomatik für die Boolesche Algebra neu beweisen:

| | Name | Satz | |
|---|---|---|---|
| 1. | Idempotenzgesetze | $\forall a \in M$: | $a \otimes a = a$ |
| | | $\forall a \in M$: | $a \oplus a = a$ |
| 2. | Assoziativgesetze | $\forall a, b, c \in M$: | $a \otimes (b \otimes c) = (a \otimes b) \otimes c$ |
| | | $\forall a, b, c \in M$: | $a \oplus (b \oplus c) = (a \oplus b) \oplus c$ |
| 3. | Absorptionsgesetze | $\forall a, b \in M$: | $a \otimes (a \oplus b) = a$ |
| | | $\forall a, b \in M$: | $a \oplus (a \otimes b) = a$ |
| 4. | Doppeltes Boolesches Komplement | $\forall a \in M$: | $\sim(\sim a) = a$ |
| 5. | DeMorgansche Regeln | $\forall a, b \in M$: | $\sim(a \otimes b) = \sim a \oplus \sim b$ |
| | | $\forall a, b \in M$: | $\sim(a \oplus b) = \sim a \otimes \sim b$ |
| 6. | Die neutralen Elemente sind wechselseitig komplementär | $\sim 0 = 1$ | |
| | | $\sim 1 = 0$ | |
| 7. | 0-1 Gesetze | $\forall a \in M$: | $a \otimes 0 = 0$ |
| | | $\forall a \in M$: | $a \oplus 1 = 1$ |

***Tab. 4.1**: Gesetze der Booleschen Algebra*

Nur für Gesetz 7 wollen wir die oben geforderten Beweise einmal exemplarisch durchführen. Aufgrund des Dualitätsprinzips ist klar, dass es genügt, entweder $a \otimes 0 = 0$ oder $a \oplus 1 = 1$ zu beweisen. Wir beweisen $a \otimes 0 = 0$.

**Beweis**

| | |
|---|---|
| $a \otimes \sim a = 0$ | (Komplementgesetz) |
| $a \otimes (\sim a \oplus 0) = 0$ | (Neutrales Element bzgl. $\oplus$) |
| $(a \otimes \sim a) \oplus (a \otimes 0) = 0$ | (Distributivgesetz) |
| $0 \oplus (a \otimes 0) = 0$ | (Komplementgesetz) |
| $(a \otimes 0) \oplus 0 = 0$ | (Kommutativgesetz) |
| $a \otimes 0 = 0$ | (Neutrales Element bzgl. $\oplus$) |

Der Beweis von $a \oplus 1 = 1$ könnte zwar analog geführt werden, ist aufgrund des Dualitätssatzes jedoch nicht nötig.

### 4.1.1 Modelle der Booleschen Algebra

Dem Leser wird aufgefallen sein, dass zwischen der Aussagenlogik der Mengenalgebra und der Booleschen Algebra eine verblüffende Ähnlichkeit existiert. Dennoch ist es falsch, diese Strukturen als identisch anzusehen. Vielmehr ist es so, dass die Aussagenlogik wie auch die Mengenalgebra *Modelle* einer Booleschen Algebra sind. Die Boolesche Algebra ist somit eine abstrakte übergeordnete Struktur ohne inhaltliche Bedeutung. Ein Modell der Booleschen Algebra entsteht dadurch, dass man der Grundmenge M sowie den Verknüpfungen $\otimes$, $\oplus$ und $\sim$ eine Semantik zuweist, die eine inhaltliche Interpretation erlaubt.

Vorteil dabei ist, dass bei Plausibilität der grundlegenden Axiome der Booleschen Algebra im konkreten Modell die Gültigkeit aller Gesetze der Booleschen Algebra für dieses Modell als bewiesen angenommen werden kann und nicht erneut bewiesen werden muss. Hätten wir zunächst die Boolesche Algebra wie in diesem Abschnitt abstrakt eingeführt und darauf basierend sämtliche Sätze ohne inhaltlichen Bezug zu einem Anwendungsbereich aus den Axiomen abgeleitet, so wären uns alle Beweisführungen im Bereich der Aussagenlogik und der Mengenalgebra erspart geblieben.

Ich hoffe jedoch, dass mir die Leser zustimmen, dass eine Einführung in die Boolesche Algebra über konkrete Modelle wesentlich leichter fällt! Nichtsdestotrotz wird uns die eben formulierte Erkenntnis noch von Nutzen sein. Wir werden im Folgenden mit der Schaltalgebra ein weiteres Modell einer Booleschen Algebra kennen und anwenden lernen.

Fassen wir noch einmal die uns bisher bekannten Modelle der Booleschen Algebra zusammen.

**Mengenalgebra als Modell einer Booleschen Algebra**

Sei Menge $M = \{a, b, c, ...\}$ gegeben

Sei $\mathcal{P}(M) = \{m \mid m \subseteq M\}$ die Potenzmenge von M

Wir ersetzen die Verknüpfungen

$\otimes$ durch $\cap$ (Mengendurchschnitt)

$\oplus$ durch $\cup$ (Mengenvereinigung)

$\sim$ durch $\overline{\phantom{x}}$ (Komplementärmenge)

Dann gilt für beliebige Mengen $m_i \in \mathcal{P}(M)$

*Kommutativgesetze*

$m_1 \cap m_2 = m_2 \cap m_1$ und

$m_1 \cup m_2 = m_2 \cup m_1$

*Distributivgesetze*

$m_1 \cap (m_2 \cup m_3) = (m_1 \cap m_2) \cup (m_1 \cap m_3)$ und

$m_1 \cup (m_2 \cap m_3) = (m_1 \cup m_2) \cap (m_1 \cup m_3)$

*Existenz neutraler Elemente 0 und 1:*

M ist Neutralelement für $\cap$ (d.h. $(m \cap M) = m$)

$\varnothing$ ist Neutralelement für $\cup$ (d.h. $(m \cup \varnothing) = m$)

*Komplementgesetze*

$m \cap \overline{m} = \emptyset$ und $m \cup \overline{m} = M$

Somit ist gezeigt, dass $(\mathcal{P}(M); \cap, \cup, \overline{\phantom{x}})$ eine Boolesche Algebra ist.

**Aussagenlogik als Modell einer Booleschen Algebra**

Sei $\mathbb{B} = \{w, f\}$ die Menge der Wahrheitswerte

Wir ersetzen die Verknüpfungen

$\otimes$ durch $\wedge$ (logisches und)

$\oplus$ durch $\vee$ (logisches oder)

$\sim$ durch $\neg$ (logische Negation)

Dann gilt für beliebige Aussagen a, b, c, …

*Kommutativgesetze*

$a \wedge b = b \wedge a$ und

$a \vee b = b \vee a$

*Distributivgesetze*

$a \wedge (b \vee c) = (a \wedge b) \vee (a \wedge c)$ und

$a \vee (b \wedge c) = (a \vee b) \wedge (a \vee c)$

*Existenz neutraler Elemente 0 und 1:*

w ist Neutralelement für $\wedge$ (da $w \wedge a = a$)

f ist Neutralelement für $\vee$ (da $f \vee a = a$)

*Komplementgesetze*

$a \wedge \neg a = f$ und

$a \vee \neg a = w$

Somit ist gezeigt, dass $(\mathbb{B}; \wedge, \vee, \neg)$ eine Boolesche Algebra ist.

Ein weiteres Modell der Booleschen Algebra werden wir im Folgenden in Form der Schaltalgebra kennenlernen.

## 4.1.2 Schaltalgebra als Modell einer zweielementigen Booleschen Algebra

Die gesamte Informationstechnologie basiert im Kern auf der Speicherung, Übertragung und Verarbeitung von lediglich zwei unterschiedlichen Signalzuständen. Naiv werden diese oft mit der Interpretation „Strom an“ und „Strom aus“ verbunden. Das Signal für „Strom aus“ wird dann sehr anschaulich mit dem Leitwert „0“ und das Signal für „Strom an“ mit dem Wert „1“ einer entsprechenden Signalleitung interpretiert. Dem informatikinteressierten Leser ist bekannt, dass die Realisierung dieser Leitwerte in einem Mikroprozessor durch zwei unterschiedliche Spannungszustände erfolgt. Im Bereich der Datenspeicherung können 0 und 1 durch unterschiedliche Magnetisierungszustände der Festplatte interpretiert werden oder durch eine via Laser auf eine CD oder DVD gebrannte Markierung.

Letztendlich kann es uns im Rahmen der theoretischen Aufarbeitung dieses Themas egal sein, auf welche Art und Weise die Signalzustände 0 und 1 zur Speicherung oder Verarbeitung von Daten realisiert werden. Die grundlegenden Konzepte der Schaltalgebra sind davon völlig unabhängig, sie gehen lediglich davon aus, dass diese zwei unterschiedlichen Zustände des Signals, im folgenden *Schaltzustände* genannt, durch *Schaltelemente* dargestellt und verarbeitet werden können.

Wegen der Fähigkeit, genau zwei Schaltzustände verarbeiten zu können, bezeichnen wir diese Schaltelemente auch als *bistabile Schaltelemente.* In der Praxis könnten dies Schalter, Relais, Dioden, Transistoren oder Halbleiterbauelemente in einem integrierten Schaltkreis (Mikrochip) sein. Die Menge M unserer Booleschen Elemente kann somit – wie im Kontext der Aussagenlogik – auf die zwei Schaltzustände bistabiler Schaltelemente reduziert werden.

**Schaltkonstanten**

Sei $M = \mathbb{B} = \{0, 1\}$; Wir nennen 0 und 1 dann *Schaltkonstanten.*

**Schaltvariable, Schaltfunktion, Schaltung**

Eine Variable, welche genau zwei Werte annehmen kann, heißt *binäre Schaltvariable.* Seien $a_1, a_2, ...., a_n \in \mathbb{B}$ binäre Schaltvariablen. Die Abbildung $f: \mathbb{B}^n \rightarrow \mathbb{B}$ mit $(a_1, a_2, ...., a_n) \rightarrow f(a_1, a_2, ...., a_n)$ heißt *binäre Schaltfunktion.* Die technische Realisierung einer binären Schaltfunktion bezeichnet man als *Schaltung.*

Nach Definition der Grundmenge M wollen wir uns den Verknüpfungen der Schaltalgebra zuwenden. Hierbei ist es hilfreich, zur Verifikation der Plausibilität der Booleschen Axiome im aktuellen Modell auf eine einfache technische Realisierung der Schaltelemente zurückzugreifen. Wir wollen dies auf der Basis von Schaltern in einem Stromkreis mit einer Batterie und einer dadurch gespeisten Glühbirne tun. Diese Schalter können entweder offen sein, was dann dem Schaltwert „0“ entspricht oder geschlossen, womit wir den Schaltwert „1“ haben. Grafisch erfolgt die Darstellung mit den in der Schaltertechnik üblichen Symbolen.

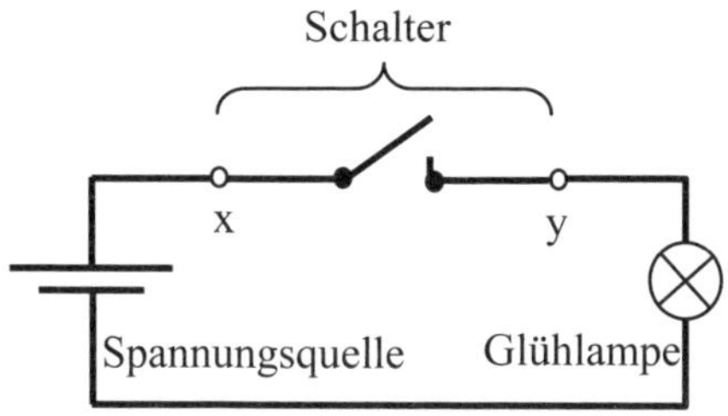


*Abb. 4.1: Einfacher Stromkreis mit Schalter*

Der Schalter zwischen den Kontaktpunkten x und y kann nun geschlossen oder offen sein. Je nach Schalterstellung ist die Glühlampe dann an oder aus. Hier heraus lassen sich die Grundsymbole der Schaltertechnik für 0 und 1 ableiten.

| Schaltwert | Grafische Darstellung | Schaltzustand |
|---|---|---|
| 0 |  | Offen |
| 1 |  | Geschlossen |

*Abb. 4.2: Grundsymbole der Schaltertechnik für 0 und 1*

Für die Wahl der Verknüpfungszeichen greifen wir zum Teil auf die bekannten Symbole $\wedge$ und $\vee$ der Aussagenlogik zurück. Zur Negation einer Variablen werden wir das Apostroph (') verwenden. Hier ist jedoch auch der im Bereich der Mengenalgebra verwendete Überstrich ($\overline{\phantom{x}}$) üblich.

Das Boolesche Produkt lässt sich nun sehr einfach durch eine Reihenschaltung realisieren. Wird untenstehende Schalterkonstellation zwischen den Kontaktpunkten x und y von Abbildung 4.1 eingebaut, brennt die Lampe nur, wenn Schalter a und Schalter b geschlossen sind. In allen anderen Fällen brennt sie nicht.

| | |
|---|---|
| Schaltfunktion<br>$\mathbb{B} \times \mathbb{B} \rightarrow \mathbb{B}$<br>$(a, b) \rightarrow a \wedge b$ | 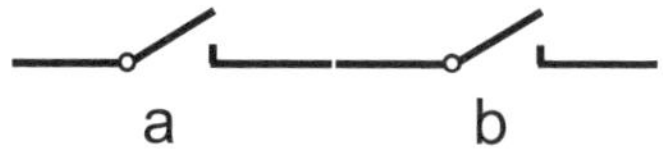 |

*Abb. 4.3: "und"-Verknüpfung als Reihenschaltung*

Die zweistellige Verknüpfung $\mathbb{B} \times \mathbb{B} \rightarrow \mathbb{B}$ mit $(a, b) \rightarrow a \wedge b$ heißt Konjunktion („und"-Verknüpfung) der Schaltvariablen a und b und kann als Schalttabelle wie folgt ausgedrückt werden:

| a | b | $a \wedge b$ |
|---|---|---|
| 0 | 0 | 0 |
| 0 | 1 | 0 |
| 1 | 0 | 0 |
| 1 | 1 | 1 |

***Tab. 4.2:*** *Schalttabelle für die „und"-Verknüpfung*

Die Boolesche Summe wird durch eine Parallelschaltung realisiert. Hier brennt die Lampe, wenn Schalter a oder Schalter b oder beide geschlossen sind. Nur wenn beide Schalter offen sind, brennt die Lampe nicht.

Schaltfunktion
$\mathbb{B} \times \mathbb{B} \rightarrow \mathbb{B}$
$(a, b) \rightarrow a \vee b$

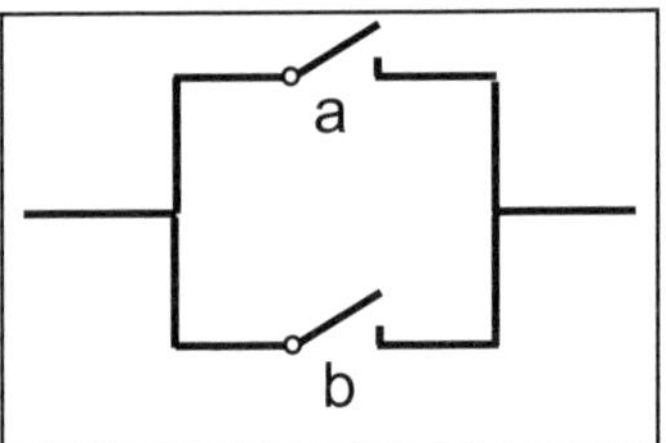


***Abb. 4.4:*** *„oder"-Verknüpfung als Parallelschaltung*

Die zweistellige Verknüpfung $\mathbb{B} \times \mathbb{B} \rightarrow \mathbb{B}$ mit $(a, b) \rightarrow a \vee b$ heißt Disjunktion („oder"-Verknüpfung) der Schaltvariablen a und b und kann als Schalttabelle wie folgt ausgedrückt werden:

| a | b | $a \vee b$ |
|---|---|---|
| 0 | 0 | 0 |
| 0 | 1 | 1 |
| 1 | 0 | 1 |
| 1 | 1 | 1 |

***Tab. 4.3:*** *Schalttabelle für die „oder"-Verknüpfung*

Das Boolesche Komplement wird durch die sog. Ruhekontaktschaltung realisiert. Hierzu stellen wir uns den Schaltvorgang als aktives Drücken des Schalters vor. Wird der Schalter nicht gedrückt, springt er alleine in die Nullstellung zurück. Zur Realisierung des Booleschen Komplements erfolgen der Kontakt und damit der Stromfluss in der Nullstellung des Schalters.

| | |
|---|---|
| Schaltfunktion<br>$\mathbb{B} \to \mathbb{B}$<br>$a \to a'$ |  |

***Abb. 4.5:*** *Negation als Ruhekontaktschaltung*

Die einstellige Verknüpfung $\mathbb{B} \to \mathbb{B}$ mit $a \to a'$ heißt **Negation** („nicht"-Verknüpfung) der Schaltvariablen a und kann als Schalttabelle wie folgt ausgedrückt werden:

| **a** | **a'** |
|---|---|
| 0 | 1 |
| 1 | 0 |

***Tab. 4.4:*** *Schalttabelle für die Negation*

Zur Legitimierung der Schaltalgebra als Boolesche Algebra müssen wir die Gültigkeit der Booleschen Axiome im gegebenen Modell untersuchen. Es ist also z.B. die Frage zu beantworten, ob die Konjunktion und Disjunktion kommutativ sind. Bei Betrachtung der obigen Schaubilder wird klar, dass die Kommutativität durch das Vertauschen der Schalter a und b in der Parallel- bzw. Reihenschaltung untersucht werden kann. Das Brennen oder Nichtbrennen der Lampe wird davon offensichtlich unberührt bleiben. Also gilt für die Schaltalgebra

$\forall a, b \in \mathbb{B}: a \wedge b = b \wedge a$ bzw. $a \vee b = b \vee a$

Das Neutralelement der Konjunktion ist ein ständig geschlossener Schalter in der Reihenschaltung, z.B. Schalter b. Das Brennen der Lampe hängt jetzt nur von Schalter a ab. Also gilt:

$\forall a \in \mathbb{B}: a \wedge 1 = a$

Analog ist das Neutralelement der Disjunktion ein ständig offener Schalter in der Parallelschaltung, z.B. Schalter b. Das Brennen der Lampe hängt nun ebenfalls nur von Schalter a ab. Also gilt:

$\forall a \in \mathbb{B}: a \vee 0 = a$

Auch die Plausibilität der Komplementgesetze und der Distributivgesetze lässt sich durch entsprechend aufgebaute Schaltungen nachvollziehen. Wir können uns die Gültigkeit dieser Gesetze jedoch auch mithilfe der Schalttabellen klarmachen. Wir tun dies unter Rückgriff auf die Tabellen zu $(a \wedge b)$, $(a \vee b)$ und a'.

| **a** | **a'** | **$a \wedge a'$** | **$a \vee a'$** |
|---|---|---|---|
| 0 | 1 | 0 | 1 |
| 1 | 0 | 0 | 1 |

***Tab. 4.5:*** *Komplementgesetze in der Schaltalgebra*

Es gilt also:

$\forall$ a $\in$ $\mathbb{B}$: a $\wedge$ a' = 0 und a $\vee$ a' = 1

Der Nachweis der Gültigkeit des Distributivgesetzes in der Schaltalgebra erfolgt über die folgende Tabelle:

| a | b | c | a ∧ (b ∨ c) | (a ∧ b) ∨ (a ∧ c) | a ∨ (b ∧ c) | (a ∨ b) ∧ (a ∨ c) |
|---|---|---|---|---|---|---|
| 0 | 0 | 0 | 0 | 0 | 0 | 0 |
| 0 | 0 | 1 | 0 | 0 | 0 | 0 |
| 0 | 1 | 0 | 0 | 0 | 0 | 0 |
| 0 | 1 | 1 | 0 | 0 | 1 | 1 |
| 1 | 0 | 0 | 0 | 0 | 1 | 1 |
| 1 | 0 | 1 | 1 | 1 | 1 | 1 |
| 1 | 1 | 0 | 1 | 1 | 1 | 1 |
| 1 | 1 | 1 | 1 | 1 | 1 | 1 |

***Tab. 4.6**: Distributivgesetze in der Schaltalgebra*

Es gilt also:

$\forall$ a, b, c $\in$ $\mathbb{B}$: a $\wedge$ (b $\vee$ c) = (a $\wedge$ b) $\vee$ (a $\wedge$ c) und a $\vee$ (b $\wedge$ c) = (a $\vee$ b) $\wedge$ (a $\vee$ c)

Alle Booleschen Axiome wären somit erfüllt. Die algebraische Struktur ($\mathbb{B}$; $\wedge$, $\vee$, '), genannt Schaltalgebra, ist somit eine Boolesche Algebra. Diese algebraische Struktur ist, wie schon mehrfach erwähnt, so wesentlich für die Informatik, dass die Begriffe „Boolesche Algebra" und „Schaltalgebra" oft gleichgesetzt werden. Dies ist streng genommen natürlich falsch. Insbesondere die für die Schaltalgebra vorgenommene Reduktion der Grundmenge auf zwei Elemente ist keinesfalls zwingend für eine Boolesche Algebra. Die Mengenalgebra zeigt, dass eine Boolesche Algebra auch über einer Menge mit unendlich vielen Elementen definiert sein kann.

Im Folgenden wollen wir uns jedoch nur noch mit der *zweielementigen Booleschen Algebra* beschäftigen, alle hierbei gewonnen Erkenntnisse können unmittelbar auf die Schaltalgebra oder die Aussagenlogik übertragen werden.

### Boolesche Konstanten, Variablen und Terme

Sei M = $\mathbb{B}$ = {0, 1} die Grundmenge einer zweielementigen Booleschen Algebra, dann nennen wir 0 und 1 *Boolesche Konstanten*. Zur Bezeichnung der *Booleschen Variablen* verwenden wir Kleinbuchstaben (a, b, c, …) oder indizierte Kleinbuchstaben $a_i$ (i = 1, …, n). Die Zuordnung konkreter Werte an die Variablen a, b, c, ... oder $a_i$ (i = 1, …, n) heißt *Belegung* der Booleschen Variablen.

Die Definition der Syntax der zweielementigen Booleschen Algebra, genannt Schaltalgebra, welche die syntaktisch korrekte Bildung *Boolescher Terme* beschreibt, kann nun analog zur Definition der Syntax der Aussagenlogik erfolgen.

**Syntax der zweielementigen Booleschen Algebra, Syntax der Schaltalgebra**

Grundlage jeder Booleschen Funktion sind Variablen $a_i$ ($i = 1, \ldots, n$), welchen eindeutig eine Belegung $B \in \{0, 1\}$ zugewiesen werden kann. Aus diesen werden syntaktisch korrekte Terme auf folgende Art und Weise gebildet:

1. Jede Konstante 0 und 1 und jede Variable $a_i$ ist ein Boolescher Term.
2. Sind A und B Boolesche Terme, dann sind auch A', $(A \wedge B)$ und $(A \vee B)$ Boolesche Terme.
3. Nur Zeichenreihen, die sich mit (1) und (2) in endlich vielen Schritten konstruieren lassen, sind Boolesche Terme.

**Beispiele**

Seien a, b, c Boolesche Variable, dann sind folgende Ausdrücke korrekte Boolesche Terme:

$0$

$(a \vee b)' \vee (a \wedge c)$

$(a' \vee c')' \vee a'b'$

Keine Booleschen Terme sind dahingegen:

$((a \vee b) \wedge c$

$(0) \wedge ( )$

$1 \vee \wedge a$

Sie lassen sich gemäß obigem Bildungsgesetz nicht generieren.

Die im Kontext der Aussagenlogik schon einmal eingeführten Vorrangs- und Vereinfachungsregeln gelten weiterhin:

**Vorrangs- und Vereinfachungsregeln**

1. Wir vereinbaren, dass Klammerausdrücke „( )“ zuerst ausgewertet werden.
2. Die Negation „ ' “ bindet stärker als das und „$\wedge$“. Dieses bindet wiederum stärker als das oder „$\vee$“.
3. Das Zeichen für das Boolesche Produkt „$\wedge$“ kann weggelassen werden. Dies erfolgt zwar analog dem Weglassen des Multiplikationsoperators in der Arithmetik. Es

muss an dieser Stelle jedoch erwähnt werden, dass diese Vereinbarung völlig willkürlich erfolgt, da das Distributivgesetz in der Booleschen Algebra im Gegensatz zur uns bekannten Arithmetik wechselseitig gültig ist!

4. Folgen gleiche Verknüpfungen hintereinander, wird von links nach rechts ausgewertet.

Ausgehend von der Bildung Boolescher Terme können wir nun den Begriff der Booleschen Funktion definieren:

**Boolesche Funktion**

Eine Abbildung f: $\mathbb{B}^n \rightarrow \mathbb{B}$ heißt **Boolesche Funktion**

Eine Boolesche Funktion kann durch eine $2^n$-zeilige Tabelle, ihre **Wertetabelle**, vollständig beschrieben werden.

Seien a, b, c Boolesche Variablen

| a | b | c | f(a, b, c) |
|---|---|---|---|
| 0 | 0 | 0 | - |
| 0 | 0 | 1 | - |
| 0 | 1 | 0 | - |
| 0 | 1 | 1 | - |
| 1 | 0 | 0 | - |
| 1 | 0 | 1 | - |
| 1 | 1 | 0 | - |
| 1 | 1 | 1 | - |

***Tab. 4.7:*** *Boolesche Funktion als Tabelle*

Die linke Seite einer Wertetabelle enthält damit alle $2^n$ möglichen verschiedenen Belegungen der Booleschen Variablen a, b, c, .... und die rechte Seite der Wertetabelle kann nun mit den zugehörigen Funktionswerten f(a, b, c, ...) $\in \{0, 1\}$ belegt werden. Es ergibt sich die Frage, wie viele mögliche unterschiedliche Funktionen es zu einer Booleschen Funktion in n Variablen geben kann.

Die Wertetabelle jeder Booleschen Funktion in n Variablen besteht aus $2^n$ Zeilen. Jede $2^n$-stellige Dualzahl stellt somit eine aller möglichen Booleschen Funktionen in n Variablen dar. Insgesamt gibt es also $2^{2^n}$ unterschiedliche Funktionen in n Variablen.

Im Kontext der Aussagenlogik gingen wir der Frage nach, ob zwei unterschiedlich aussehende logische Formeln inhaltlich gleichbedeutend sein können. Hieraus entwickelten wir die Theorie der Normalformen, welche uns zur kanonischen konjunktiven und disjunktiven Normalform (kKN und kDN) als normierte Darstellung einer logischen Formel führte. Wir wollen diesen Gedanken für Boolesche Funktionen wieder aufgreifen.

**Entwicklung der kDN und kKN einer Booleschen Funktion f aus der Wertetabelle**

Für den Entwurf einfacher digitaler Schaltungen mit nur wenigen Eingangsvariablen ist oft kein Boolescher Term die Grundlage des Entwurfs, sondern eine vorgegebene Wertetabelle. Aus einer solchen Tabelle kann die kDN oder kKN unmittelbar abgelesen werden. Dies ermöglicht prinzipiell auch immer einen anderen Weg zur Ermittlung der kDN oder kKN einer Booleschen Funktion. Wir bestimmen zu f: $\mathbb{B}^n \rightarrow \mathbb{B}$ die zugehörige Wertetabelle und ermitteln mit deren Hilfe die kDN oder kKN.

Im Falle der kDN müssen wir hierfür nur die Zeilen betrachten, in denen die Funktion eine 1 erzeugen soll. Diese Einsen werden jeweils nur durch Minterme erzeugt, die die Nullen am Eingangssignal negieren und die Einsen beibehalten. Für den Term 010 erzeugt a'bc' eine 1 in der entsprechenden Zeile. Die disjunktive Verbindung aller Minterme ergibt die gesuchte kDN. Im Falle der kKN betrachten wir nur die Zeilen, in denen die Funktion eine 0 erzeugt. Wir erzeugen für diese Zeilen genau die Maxterme, welche bei der entsprechenden Belegung 0 ergeben. Für die 010 erzeugt z.B. nur a ∨ b' ∨ c eine 0 in der entsprechenden Zeile. Die konjunktive Verbindung aller Maxterme ist die gesuchte kKN.

**Beispiel**

Gegeben sei die folgende Boolesche Funktion f(a, b, c):

| a | b | c | f(a, b, c) | Minterme | Maxterme |
|---|---|---|---|---|---|
| 0 | 0 | 0 | 0 | | a ∨ b ∨ c |
| 0 | 0 | 1 | 0 | | a ∨ b ∨ c' |
| 0 | 1 | 0 | 1 | a'bc' | |
| 0 | 1 | 1 | 1 | a'bc | |
| 1 | 0 | 0 | 0 | | a' ∨ b ∨ c |
| 1 | 0 | 1 | 1 | ab'c | |
| 1 | 1 | 0 | 0 | | a' ∨ b' ∨ c |
| 1 | 1 | 1 | 1 | abc | |

***Tab. 4.8**: Ableitung der kDN und kKN aus der Schalttabelle*

Aus dieser Tabelle lässt sich die kDN und kKN direkt ablesen.

kDN: f(a, b, c) = a'bc' ∨ a'bc ∨ ab'c ∨ abc

kKN: f(a, b, c) = (a ∨ b ∨ c) (a ∨ b ∨ c') (a' ∨ b ∨ c) (a' ∨ b' ∨ c)

**Schaltfunktion**

Jede Boolesche Funktion auf Basis der zweielementigen Booleschen Algebra kann als Entwurf für eine Digitalschaltung angesehen werden, welche n Eingangssignale zu einem Ausgangssignal verarbeitet. Wir bezeichnen eine solche Funktion dann als *Schaltfunktion*.

Die Aufgabenstellung für den Entwurf einer Digitalschaltung kann in der Praxis ebenfalls durch Vorgabe einer Wertetabelle erfolgen. Dies zumindest dann, wenn die Anzahl der Eingangssignale nicht zu hoch ist.

**Beispiel**

Bei einer Spülmaschinensteuerung soll der Spülvorgang sofort unterbrochen werden, wenn entweder die Spülmaschinentür geöffnet wird oder wenn der Wasserstand bei eingeschalteter Heizung unter einen Mindeststand sinkt. Diese Signale werden durch drei Fühler überwacht.

Fühler a: Spülmaschinentür offen (1) zu (0)

Fühler b: Wasserstand zu niedrig (1) sonst (0)

Fühler c: Heizung an (1) aus (0)

Die Unterbrechung des Spülvorgangs wird dadurch gesteuert, dass ein Stoppsignal auf 1 gesetzt wird. Läuft die Maschine, steht das Stoppsignal auf 0. Das Stoppsignal ist damit eine Funktion f(a, b, c).

Die Schalttabelle zu obiger Aufgabenstellung stellt sich wie folgt dar:

| **Spülmaschinentür a** | **Wasserstand zu niedrig b** | **Heizung an c** | **Stoppsignal f(a, b, c)** |
|---|---|---|---|
| 0 | 0 | 0 | 0 |
| 0 | 0 | 1 | 0 |
| 0 | 1 | 0 | 0 |
| 0 | 1 | 1 | 1 |
| 1 | 0 | 0 | 1 |
| 1 | 0 | 1 | 1 |
| 1 | 1 | 0 | 1 |
| 1 | 1 | 1 | 1 |

***Tab. 4.9**: Schalttabelle einer Spülmaschine*

Gesucht ist eine Schaltfunktion f(a, b, c), welche obige Schalttabelle realisiert.

Aufgrund der einfachen Aufgabenstellung liegt die Lösung natürlich auf der Hand. Da beim Öffnen der Spülmaschinentür der Signalzustand der anderen zwei Signale unerheblich ist, führt das Anliegen einer 1 bei a zum sofortigen Stopp des Spülvorgangs. Jetzt muss nur noch das gleichzeitige Anliegen einer 1 an Signalleitung b und c abgeprüft werden und wir finden als Lösung der Aufgabe die Folgende:

$f_1(a, b, c) = a \vee bc$

Nun ist jedoch leicht vorstellbar, dass es Aufgabenstellungen gibt, bei denen die Lösung nicht so einfach wie im obigen Fall ablesbar ist. Andererseits kann durch das Aufstellen der Wertetabellen zu den folgenden Funktionen leicht gezeigt werden, dass obige Aufgabe auch durch andere Funktionen als $f_1$ gelöst wird, so z.B. durch die folgenden Funktionen $f_2$, $f_3$ und $f_4$:

$f_2(a, b, c) = ab \vee ab' \vee bc$

$f_3(a, b, c) = (a \vee b) \wedge (a \vee c)$

$f_4(a, b, c) = a \vee ab \vee abc \vee a'bc$

Alle diese Funktionen bewältigen also ein und dieselbe Aufgabe.

Da allgemein die Anzahl der unterschiedlichen Belegungen einer Funktion in n Variablen jedoch $2^n$ ist, ist der Nachweis der Äquivalenz der Schaltungsentwürfe durch Aufschreiben von Schalttabellen für größere Aufgabenstellungen nicht mehr praktikabel. In realen Mikroprozessoren werden die Signale durch sog. Datenbusse übertragen und verarbeitet. Diese haben in der Regel eine Breite, welche ein ganzzahliges Vielfaches von 8 Bit (= 1 Byte) ist. Ein 32 Bit breiter Datenbus würde damit schon zu einer $2^{32} = 4294967296$ Zeilen langen Wertetabelle führen.

Wir können uns als Motivation für das weitere Vorgehen folgendes Szenario vorstellen: Aus der Entwicklungsabteilung, die für die obige Spülmaschinensteuerung zuständig ist, kommen als Lösungsvorschläge die vier unterschiedlichen Entwürfe $f_1$, $f_2$, $f_3$, $f_4$. Zunächst stellt sich die Frage, ob die Schaltungsentwürfe auch tatsächlich äquivalent sind, d.h. ob sie für gleiche Eingaben auch die gleichen Ausgaben liefern. Falls diese Frage mit ja beantwortet werden kann, stellt sich die Frage nach dem besten Entwurf unter den vier Kandidaten.

Setzen wir die Kosten einer Schaltung proportional zur Anzahl der verwendeten Operatoren ($\wedge$, $\vee$, '), dann können wir für das obige Beispiel folgende Kostenschätzung aufstellen:

| Schaltung | Aufwand |
|---|---|
| $f_1(a, b, c) = a \vee bc$ | 2 |
| $f_2(a, b, c) = ab \vee ab' \vee bc$ | 6 |
| $f_3(a, b, c) = (a \vee b) (a \vee c)$ | 3 |
| $f_4(a, b, c) = a \vee ab \vee abc \vee a'bc$ | 9 |

***Tab. 4.10***: *Kostenschätzung der Schaltungsentwürfe für eine Spülmaschine*

Es ist klar, dass die Schaltung mit dem geringsten Aufwand den „Ausschreibungswettbewerb“ gewinnt.

Allerdings kann für komplexere Aufgabenstellungen nicht durch bloßes Betrachten erkannt werden, ob unter den bisher entwickelten Schaltungsentwürfen auch tatsächlich der *absolut* kürzeste ist. Dies ist im Fall der obigen vier Funktionen $f_1$ bis $f_4$ für $f_1$ auch nicht bewiesen, sondern nur vermutet. Wir benötigen also

(1) ein Verfahren, welches die Äquivalenz unterschiedlicher Boolescher Terme auf systematischem Weg nachweist und

(2) einen Algorithmus, welcher zu einer gegebenen Booleschen Funktion die kürzest mögliche Darstellung liefert.

Punkt (1) kann durch die Überführung in die kDN eindeutig beantwortet werden. Die kDN soll damit auch als Ausgangspunkt für einen Algorithmus zur Entwicklung des Booleschen Terms mit minimaler Länge gewählt werden. Dies ist auch deswegen von Vorteil, weil sie bei einer Aufgabenspezifikation durch eine Schalttabelle direkt abgelesen werden kann.

## 4.2 Disjunktive Minimalform, Quine-McCluskey Algorithmus

Bei der Entwicklung der kDN und kKN zu beliebigen Booleschen Ausdrücken fällt auf, dass sich der ursprünglich gegebene Ausdruck fast immer vergrößert hat. Wir können damit zwar die Äquivalenz zweier Boolescher Ausdrücke nachweisen, als Grundlage für den Bau einer Digitalschaltung ist die kDN oder kKN jedoch denkbar ungeeignet.

Mit dem Ziel, den technischen Aufwand und damit die Kosten von digitalen Schaltungen zu minimieren, suchen wir ein Verfahren, welches zu einem gegebenen Booleschen Term A einen äquivalenten Term mit minimaler Länge findet. Dies führt uns zum *Quine-McCluskey Algorithmus* (QMA).

Ausgangspunkt für den Einsatz des QMA ist das Vorliegen eines Booleschen Terms in kDN. Falls ein beliebiger Boolescher Term vorliegt, so ist dieser, wie in den vorangegangenen Abschnitten beschrieben, in kDN zu überführen.

Die grundlegende Idee des QMA ist recht einfach zu verstehen. Sie basiert auf dem systematischen Rückgängigmachen des „Tricks" den wir verwendet haben, um aus einer DN eine kDN zu erzeugen. Wie hierbei vorzugehen ist, soll mit folgendem Beispiel erläutert werden:

1. $f(a, b) = a$ ist nicht in kDN, weil der Term a die Variable b nicht enthält. Wir wissen jedoch, dass gilt: $a = a \wedge 1$.
2. Wir drücken „1" durch die fehlende Variable b als $(b \vee b')$ aus.
3. Also gilt: $a = a \wedge 1 = a \wedge (b \vee b')$, nun können wir das Distributivgesetz anwenden.
4. $f(a, b) = ab \vee ab'$ – dies ist die kDN.

In diesem Beispiel ist unschwer zu erkennen, dass der Ursprungsterm f(a, b) = a nicht mehr weiter verkürzt werden kann. Andererseits sehen wir, wie bei Vorgabe des Terms f(a, b) = ab ∨ ab' durch das Umkehren der Reihenfolge der obigen Schritte (1) bis (4) aus der kDN die Minimalform entwickelt werden kann. Wir wollen diese Vorgehensweise verallgemeinern.

Nehmen wir an, wir haben innerhalb einer kDN zwei Minterme $K_1$ und $K_2$, welche bis auf eine Variable, die in dem einen Minterm in negierter und in dem anderen Minterm in nicht-negierter Form vorkommt, identisch sind. D.h.

$$K_1 = K \wedge a \text{ und } K_2 = K \wedge a'$$

Dann können wir immer auf die folgende Art und Weise verkürzen:

$$(K \wedge a) \vee (K \wedge a') = K \wedge (a \vee a') = K \wedge 1 = K$$

Dies wollen wir für alle möglichen Paarungen von Mintermen der zugrunde liegenden kDN versuchen. Es ist unmittelbar einsichtig, dass der Versuch, zwei Minterme $K_i$ und $K_j$ zu einem neuen Term K zu verschmelzen, nur dann lohnenswert ist, wenn sie sich bezüglich der Anzahl der Negationen um genau eine unterscheiden. Ein Minterm $K_{i,}$ welcher 3 Negationen enthält, kann also nie mit einem Minterm $K_{j,}$ welcher 5 oder keine Negationen enthält, verschmolzen werden. Hiermit kann die Anzahl der zu betrachtenden Paarungen beträchtlich reduziert werden.

Für zwei aus obigem Prozess bei der Verschmelzung entstehenden Terme, nennen wir sie $K_i$* und $K_j$*, können durchaus die Voraussetzungen für eine weitere Verschmelzung gegeben sein. Diese sind jedoch jetzt enger zu fassen:

1. $K_i$* und $K_j$* müssen exakt dieselben Variablen enthalten und
2. Die Negationen sind bei den Termen $K_i$* und $K_j$* bis auf eine einzige Variable gleich gesetzt, d.h. $K_i^* = K^* \wedge b$ und $K_j^* = K^* \wedge b'$.

Sind diese Voraussetzungen erfüllt, kann Variable b ausgeklammert und eliminiert werden:

$$(K^* \wedge b) \vee (K^* \wedge b') = K^* \wedge (b \vee b') = K^* \wedge 1 = K^*$$

Das Verfahren endet, wenn es keine weitere Möglichkeit gibt, auf die o.g. Art und Weise Terme zu verschmelzen. Die bis jetzt entstandenen Terme nennen wir *Primimplikanten*. Primimplikanten sind somit alle Konjunktionsterme einer DN, zu welchen kein Pendant (mehr) gefunden werden kann, welches eine Ausklammerung einer Variablen erlaubt.

Wir wollen den QMA durch das systematische Aufschreiben der Minterme vereinfachen. Hierzu wählen wir eine tabellarische Aufstellung und teilen die Minterme der kDN in Klassen $K_i$ ein. Eine Klasse $K_i$ enthält immer alle Minterme mit i negierten Variablen. Eine Verschmelzungsmöglichkeit finden wir nur in Paaren benachbarter Klassen. Die bei der Verschmelzung verwendeten Terme sind durch einen Stern (*) zu markieren.

Um später nachvollziehen zu können, welche Terme bei der Verschmelzung in welche anderen Terme eingegangen sind, schreiben wir jeweils das Dezimaläquivalent der Dualzahlen, die den Mintermen entsprechen, hinter den neu entstandenen Term. Es ist möglich, dass ein und derselbe verkürzte Term mehrfach im Laufe des Verfahrens entsteht. Trotzdem ist es später wichtig zu wissen, welche Minterme an der Entstehung dieses Terms beteiligt waren.

**Beispiel**

f: $\mathbb{B}^4 \rightarrow \mathbb{B}$

f(a, b, c, d) = a'b'c'd' ∨ a'b'cd∨ a'bcd∨ ab'c'd'∨ ab'c'd∨ abc'd'∨ abc'd∨ abcd

Die Minterme werden wie folgt gekennzeichnet:

| Minterm | Dual | Dezimal | Klasse = Anzahl der Negationen |
|---|---|---|---|
| a'b'c'd' | 0000 | 0 | 4 |
| a'b'cd | 0011 | 3 | 2 |
| a'bcd | 0111 | 7 | 1 |
| ab'c'd' | 1000 | 8 | 3 |
| ab'c'd | 1001 | 9 | 2 |
| abc'd' | 1100 | 12 | 2 |
| abc'd | 1101 | 13 | 1 |
| abcd | 1111 | 15 | 0 |

Die Verkürzung über die Tabelle ergibt sich dann folgendermaßen:

| Klasse | Minterm | Neue Klasse | Verkürzung | Neue Klasse | Verkürzung |
|---|---|---|---|---|---|
| $K_0$ | abcd (15)* | $K_{0/1}$ | bcd (15,7)<br>abd (15,13) | $K_{0/1/2}$ | - |
| $K_1$ | a'bcd (7)*<br>abc'd (13)* | $K_{1/2}$ | a'cd (7,3)<br>ac'd (13,9)*<br>abc' (13,12)* | $K_{1/2/3}$ | ac' (13,9),(12,8)<br>ac' (13,12),(9,8) |
| $K_2$ | a'b'cd (3)*<br>ab'c'd (9)*<br>abc'd' (12)* | $K_{2/3}$ | ab'c' (9,8)*<br>ac'd' (12,8)* | $K_{2/3/4}$ | - |
| $K_3$ | ab'c'd'(8)* | $K_{3/4}$ | b'c'd' (8,0) | | - |
| $K_4$ | a'b'c'd'(0)* | | | | |

Als Primimplikanten wurden somit die folgenden 5 Terme erkannt:

abd, bcd, a'cd, b'c'd', ac'

Hiermit lässt sich folgende DN entwickeln:

f(a, b, c, d) = abd ∨ bcd ∨ a'cd ∨ b'c'd'∨ ac'

Diese ist jedoch noch nicht minimal, es ist noch eine weitere Verkürzung möglich. Um dies zu verstehen, muss man sich die Entstehung der Primimplikanten noch einmal vor Augen führen. Ein Primimplikant entsteht durch die Verschmelzung mehrerer Terme zu einem neuen Term. Dies heißt wiederum, dass die Aufgabe der Minterme im Kontext der zugehörigen Funktion, nämlich das Erzeugen der Einsen in den entsprechenden Zeilen der zugehörigen Wertetabelle, durch den neu entstandenen Primimplikanten übernommen wird. Nun kann der Fall auftreten, dass dieselben Minterme an der Entstehung unterschiedlicher Primimplikanten beteiligt waren. Dies hat zur Folge, dass gar nicht alle Primimplikanten in dem Term mit minimaler Länge auftauchen müssen. Wir unterscheiden bei den Primimplikanten zwischen *wesentlichen* und *unwesentlichen* Primimplikanten.

*Wesentliche Primimplikanten* sind diejenigen, die als einzige die Aufgabe eines Minterms, also das Erzeugen einer 1 in einer bestimmten Zeile einer Wertetabelle, erfüllen.

*Unwesentliche Primimplikanten* sind alle anderen.

Zur Unterscheidung zwischen wesentlichen und unwesentlichen Primimplikanten hilft uns das Aufstellen einer Matrix $A_{ij}$, in deren Spalten die Minterme und in deren Zeilen die Primimplikanten stehen. Wir machen ein Kreuz in Zelle $a_{ij}$, falls der j-te Minterm an der Entstehung des i-ten Primimplikanten beteiligt war.

Für unser obiges Beispiel würde die Tabelle wie folgt aussehen:

| Minterm / Primimplikanten | a'b'c'd' 0 | a'b'cd 3 | a'bcd 7 | ab'c'd' 8 | ab'c'd 9 | abc'd' 12 | abc'd 13 | abcd 15 |
|---|---|---|---|---|---|---|---|---|
| abd | | | | | | | x | x |
| bcd | | | x | | | | | x |
| a'cd | | x | x | | | | | |
| b'c'd' | x | | | x | | | | |
| ac' | | | | x | x | x | x | |

Alle Spalten, in denen nur ein Kreuz auftritt, zeigen nun in der entsprechenden Zeile auf einen wesentlichen Primimplikanten. In der obigen Tabelle sind diese Zeilen dunkelgrau unterlegt. Diese müssen wir zwingend in dem gesuchten Term minimaler Länge aufnehmen.

Wesentliche Primimplikanten sind in unserem Beispiel a'cd, b'c'd' und ac'.

Durch die Wahl der wesentlichen Primimplikanten werden allerdings weitere Minterme automatisch mit abgedeckt, dies zeigen uns die „x" in den Zeilen der wesentlichen Primimplikanten. Alle hierdurch überdeckten Minterme gelten als erfüllt. In der obigen Tabelle sind diese Spalten hellgrau hinterlegt.

Es verbleibt folgende Restmatrix:

| Minterm / Primimplikanten | abcd 15 |
|---|---|
| abd | x |
| bcd | x |

Da hier die beiden verbleibenden unwesentlichen Primimplikanten gleich lang sind, ist es egal, welchen wir wählen. Hätten sie unterschiedliche Längen, würde man den kürzeren wählen. Für das obige Beispiel gibt es zwei unterschiedliche Terme gleicher Länge:

$DM_1$: f(a, b, c, d) = a'cd ∨ b'c'd'∨ ac'∨ abd

$DM_2$: f(a, b, c, d) = a'cd ∨ b'c'd'∨ ac'∨ bcd

Es muss an dieser Stelle erwähnt werden, dass der QMA nicht notwendigerweise zum kürzesten Term überhaupt führt. QMA führt nur zu einer kürzesten disjunktiven Normalform, die deswegen *disjunktive Minimalform* (DM) heißt.

Wir messen die Länge eines Terms, und damit den technischen Aufwand einer zu realisierenden Schaltung, an der Anzahl der verwendeten Operatoren. Das folgende Beispiel zeigt, dass Terme, die in der DM vorliegen, durch die Anwendung der uns bekannten Umformungsgesetze evtl. noch weiter verkürzt werden können.

**Beispiel**

Die DM

f(a, b, c) = ab ∨ ac' = (a ∧ b) ∨ (a ∧ c')

enthält 4 Operatoren, hier lässt sich a jedoch ausklammern und wir können um einen Operator verkürzen zu:

f(a, b, c) = a(b ∨ c')

Außerdem werden wir im übernächsten Abschnitt erfahren, dass es auch noch andere, bis jetzt noch nicht betrachtete, Verknüpfungsoperatoren gibt, welche eine weitere Verkürzung des Schaltungsentwurfs erlauben.

# 4.3 KV-Diagramme

## 4.3.1 Ableitung der disjunktiven Minimalform aus KV-Diagrammen

Im Folgenden wollen wir eine alternative Möglichkeit kennenlernen, Boolesche Funktionen zu minimieren. Diese Möglichkeit basiert auf einer Darstellung der Funktion in Tabellenform, den sogenannten Karnaugh-Veitch-Diagrammen, kurz KV-Diagramme genannt. Gehen wir zunächst von folgendem Beispiel aus.

Gegeben sei eine Abbildung f: $\mathbb{B}^2 \rightarrow \mathbb{B}$ durch folgende Wertetabelle

| **a** | **b** | **f(a, b)** |
|---|---|---|
| 0 | 0 | 1 |
| 0 | 1 | 0 |
| 1 | 0 | 1 |
| 1 | 1 | 0 |

Als kDN lässt sich die Funktion unmittelbar aus dem Diagramm ablesen:

$$f(a, b) = a'b' \vee ab'$$

Die Darstellung dieser Funktion kann nun auf folgende Art und Weise in ein KV-Diagramm umgesetzt werden:

| | | a | |
|---|---|---|---|
| | | 0 | 1 |
| b | 0 | f(0,0)<br>1 | f(1,0)<br>1 |
| | 1 | f(0,1)<br>0 | f(1,1)<br>0 |

Die Tabellenspalten nehmen hierbei die möglichen Belegungen der Variablen a und die Tabellenzeilen die Belegungen der Variablen b auf. In diese Matrix werden dann die entsprechenden Funktionswerte eingetragen.

Wir vereinfachen die Tabellendarstellung dadurch, dass wir nur noch die Einsen eintragen. Leere Zellen werden automatisch als mit „Null“ belegt angesehen. Die Möglichkeit des Ausklammerns von b' und das Eliminieren von a durch die Umformungsschritte

$$a'b' \vee ab' = (a' \vee a)b' = b'$$

erkennt man in der tabellarischen Darstellungsweise dadurch, dass a sowohl in negierter wie auch in nichtnegierter Form vorkommt. Wir sehen dies in der folgenden Tabelle am grau unterlegten „Einserblock“:

| | | a | |
|---|---|---|---|
| | | 0 | 1 |
| b | 0 | 1 | 1 |
| | 1 | | |

Die Identifikation dieses „Einserblocks“ erlaubt uns, die DM f(a, b) = b’ sofort aus der tabellarischen Darstellung abzulesen. Diese Vorgehensweise lässt sich verallgemeinern auf alle Variablen, in denen „Einserblöcke“ entweder in Zeilen nebeneinander oder in Spalten untereinander stehen. Betrachten wir hierzu folgende Matrix für eine Funktion f(a, b).

| | | a | |
|---|---|---|---|
| | | 0 | 1 |
| b | 0 | 1 | 1 |
| | 1 | 1 | |

Diese Matrix entspricht der Funktion

f(a, b) = a’b’ ∨ a’b ∨ ab’

Im Verfahren nach Quine-McCluskey wäre hier eine Reduktion einmal von a’b’ ∨ a’b = a’ und von a’b’ ∨ ab’ = b’ möglich gewesen. Die DM für f(a, b) ist somit f(a, b) = a’ ∨ b’.

In der Matrix erkennt man diese Möglichkeit durch folgende „Einserblöcke“:

| | | a | |
|---|---|---|---|
| | | 0 | 1 |
| b | 0 | 1 | 1 |
| | 1 | 1 | |

Dies entspricht b’, weil a sowohl in negierter wie auch in nichtnegierter Form vorkommt und damit eliminiert werden kann.

| | | a | |
|---|---|---|---|
| | | 0 | 1 |
| b | 0 | 1 | 1 |
| | 1 | 1 | |

Dies entspricht a', weil b sowohl in negierter wie auch in nichtnegierter Form vorkommt und damit eliminiert werden kann.

Somit kann aus der Tabelle:

| | | a | |
|---|---|---|---|
| | | 0 | 1 |
| b | 0 | 1 | 1 |
| | 1 | 1 | |

f(a, b) = a' ∨ b' abgelesen werden.

Wir können also Folgendes festhalten: Immer, wenn in der Spalte oder Zeile der Matrix ein „Einserblock" auftaucht, können gemäß der Vorgehensweise, die auch beim QMA angewandt wurde, Variablen ausgeklammert und eliminiert werden.

Nun stellt sich allerdings die Frage, wie Funktionen mit mehr als zwei Variablen in Matrixform aufgeschrieben werden können und ob sich die oben gewonnenen Erkenntnisse auch auf diese Fälle übertragen lassen.

Nehmen wir zunächst eine Funktion in drei Variablen f(a, b, c). Hier können wir die Variablen gemäß folgender Struktur in die Matrix eintragen:

| | | a, b | | | |
|---|---|---|---|---|---|
| | | 00 | 01 | 11 | 10 |
| c | 0 | f(0,0,0) | f(0,1,0) | f(1,1,0) | f(1,0,0) |
| | 1 | f(0,0,1) | f(0,1,1) | f(1,1,1) | f(1,0,1) |

Die logische Erweiterung dieser Struktur für eine Funktion in vier Variablen f(a, b, c, d) ergibt sich durch die folgende Tabellenstruktur:

| | | a, b | | | |
|---|---|---|---|---|---|
| | | 00 | 01 | 11 | 10 |
| c, d | 00 | f(0,0,0,0) | f(0,1,0,0) | f(1,1,0,0) | f(1,0,0,0) |
| | 01 | f(0,0,0,1) | f(0,1,0,1) | f(1,1,0,1) | f(1,0,0,1) |
| | 11 | f(0,0,1,1) | f(0,1,1,1) | f(1,1,1,1) | f(1,0,1,1) |
| | 10 | f(0,0,1,0) | f(0,1,1,0) | f(1,1,1,0) | f(1,0,1,0) |

Ausgehend von den KV-Diagrammen, welche aufgrund der im vorigen Abschnitt vorgegebenen Tabellenstrukturen erstellt wurden, können wir nun in Analogie zu dem Fall mit zwei Variablen „Einserblöcke" markieren. Hier haben wir nun den Vorteil, dass wir nicht nur je zwei Einsen zu einer Gruppe zusammenfassen und damit eine Variable als negiert und nicht-negiert ausklammern können, sondern auch größere Gruppen von „Einserblöcken" zusammenfassen und damit mehrere Ausklammerungsschritte auf einmal durchführen können.

Zunächst ein Beispiel für eine Funktion in drei Variablen:

$f(a, b, c) = a'b'c \vee a'bc \vee ab'c \vee abc' \vee abc$

| | | a, b | | | |
|---|---|---|---|---|---|
| | | 00 | 01 | 11 | 10 |
| c | 0 | | | 1 | |
| | 1 | 1 | 1 | 1 | 1 |

Hier lassen sich zwei „Einserblöcke" identifizieren:

| ab | | a, b | | | |
|---|---|---|---|---|---|
| | | 00 | 01 | 11 | 10 |
| c | 0 | | | 1 | |
| | 1 | 1 | 1 | 1 | 1 |

| c | | a, b | | | |
|---|---|---|---|---|---|
| | | 00 | 01 | 11 | 10 |
| c | 0 | | | 1 | |
| | 1 | 1 | 1 | 1 | 1 |

Die DM lässt sich also als

$f(a, b, c) = ab \vee c$

ablesen.

Nun ein Beispiel für eine Funktion in vier Variablen:

$f(a, b, c, d) = a'b'c'd \vee a'bc'd \vee ab'c'd \vee abc'd \vee ab'cd \vee abcd$

| | | a, b | | | |
|---|---|---|---|---|---|
| | | 00 | 01 | 11 | 10 |
| c, d | 00 | | | | |
| | 01 | 1 | 1 | 1 | 1 |
| | 11 | | | 1 | 1 |
| | 10 | | | | |

Hier lassen sich ebenfalls zwei „Einserblöcke“ identifizieren:

| ad | | a, b | | | |
|---|---|---|---|---|---|
| | | 00 | 01 | 11 | 10 |
| c, d | 00 | | | | |
| | 01 | 1 | 1 | 1 | 1 |
| | 11 | | | 1 | 1 |
| | 10 | | | | |

| c’d | | a, b | | | |
|---|---|---|---|---|---|
| | | 00 | 01 | 11 | 10 |
| c, d | 00 | | | | |
| | 01 | 1 | 1 | 1 | 1 |
| | 11 | | | 1 | 1 |
| | 10 | | | | |

Die DM lässt sich also als f(a, b, c, d) = ad ∨ c’d ablesen.

Es bleibt noch zu erwähnen, dass die o.g. „Einserblock“-Bildung nicht nur innerhalb der Matrix erfolgen kann, sondern auch über die Kanten hinaus und dies sowohl horizontal wie auch vertikal. Ein Beispiel für den Fall einer Funktion in vier Variablen liefert das folgende Schaubild:

| | | a, b | | | |
|---|---|---|---|---|---|
| | | 00 | 01 | 11 | 10 |
| c, d | 00 | 1 | | | 1 |
| | 01 | | | | |
| | 11 | | | | |
| | 10 | 1 | | | 1 |

Hier ergibt sich die DM wie folgt: f(a, b, c, d) = b’d’

## 4.3.2 KV-Diagramme bei nicht vollständig definierten Funktionen

Das Ausfüllen der KV-Diagramme ging bisher von der Existenz einer kDN als Entwurfsgrundlage aus. In der Praxis finden wir jedoch häufig unvollständig definierte Schaltfunktionen, d.h. in der entsprechenden Funktionstabelle sind für bestimmte Belegungen deren Funktionswerte nicht definiert, weil sie für die Lösung der Aufgabe irrelevant sind.

In das KV-Diagramm kann man nun an diese Stellen ein „d“ eintragen. Dies steht als Abkürzung für „don’t care“ und bedeutet, dass es egal ist, ob diese Felder später 0 oder 1 werden. Diese „d“-Felder können damit jedoch zur Bildung maximal großer „Einserblöcke“ herangezogen werden. Ist ein solches „d“-Feld nicht hilfreich zur Bildung eines maximal großen „Einserblocks“, kann es ignoriert werden. Die Vorgehensweise wollen wir mit der folgenden Schaltfunktion verdeutlichen:

| a | b | c | f(a, b, c) |
|---|---|---|---|
| 0 | 0 | 0 | 0 |
| 0 | 0 | 1 | 0 |
| 0 | 1 | 0 | 0 |
| 0 | 1 | 1 | 0 |
| 1 | 0 | 0 | 0 |
| 1 | 0 | 1 | 1 |
| 1 | 1 | 0 | d |
| 1 | 1 | 1 | d |

Hieraus ergibt sich das folgende KV-Diagramm mit der Möglichkeit der Blockbildung über ein „d-Feld“. Das verbleibende „d-Feld“ wird ignoriert:

| ac | | a, b | | | |
|---|---|---|---|---|---|
| | | 00 | 01 | 11 | 10 |
| c | 0 | | | d | |
| | 1 | | | d | 1 |

Die DM ist somit: f(a, b, c) = ac

**Beispiel**

In einem Taschenrechner mit Siebensegmentanzeige sollen die einzelnen Segmente entsprechend dem Wert der Ziffern von 0 bis 9, welche intern als 4stellige Dualzahlen gespeichert sind, ausgegeben werden. Die Siebensegmentanzeige besteht aus den Leuchtsegmenten $S_0$ bis $S_6$, welche wie auf folgendem Schaubild ersichtlich angeordnet sind:

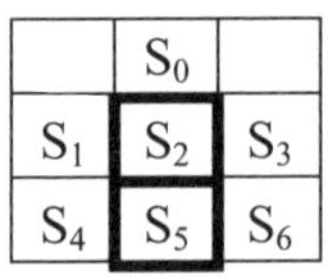


***Abb. 4.6:*** *Ansteuerung einer Siebensegmentanzeige*

Die Ziffern von 0, …, 9 werden wie folgt dargestellt:

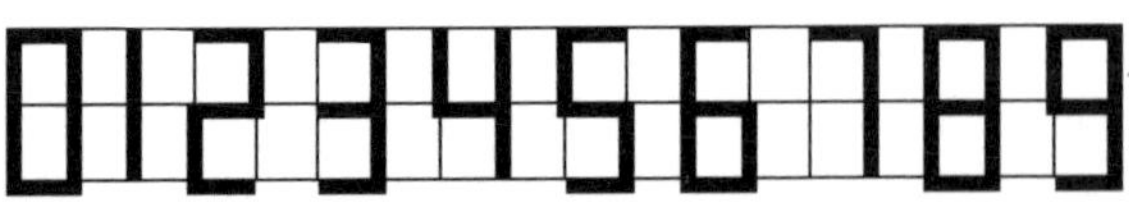

***Abb. 4.7:*** *Siebensegmentanzeige*

Hieraus ergibt sich die folgende Wertetabelle für die korrekte Ansteuerung der einzelnen Leuchtsegmente $S_0$ bis $S_6$. Die d-Einträge stehen hierbei für nicht definierte Felder.

| Ziffer | a | b | c | d | $S_0$ | $S_1$ | $S_2$ | $S_3$ | $S_4$ | $S_5$ | $S_6$ |
|---|---|---|---|---|---|---|---|---|---|---|---|
| 0 | 0 | 0 | 0 | 0 | 1 | 1 | 0 | 1 | 1 | 1 | 1 |
| 1 | 0 | 0 | 0 | 1 | 0 | 0 | 0 | 1 | 0 | 0 | 1 |
| 2 | 0 | 0 | 1 | 0 | 1 | 0 | 1 | 1 | 1 | 1 | 0 |
| 3 | 0 | 0 | 1 | 1 | 1 | 0 | 1 | 1 | 0 | 1 | 1 |
| 4 | 0 | 1 | 0 | 0 | 0 | 1 | 1 | 1 | 0 | 0 | 1 |
| 5 | 0 | 1 | 0 | 1 | 1 | 1 | 1 | 0 | 0 | 1 | 1 |
| 6 | 0 | 1 | 1 | 0 | 1 | 1 | 1 | 0 | 1 | 1 | 1 |
| 7 | 0 | 1 | 1 | 1 | 1 | 0 | 0 | 1 | 0 | 0 | 1 |
| 8 | 1 | 0 | 0 | 0 | 1 | 1 | 1 | 1 | 1 | 1 | 1 |
| 9 | 1 | 0 | 0 | 1 | 1 | 1 | 1 | 1 | 0 | 1 | 1 |
| - | 1 | 0 | 1 | 0 | d | d | d | d | d | d | d |
| - | 1 | 0 | 1 | 1 | d | d | d | d | d | d | d |
| - | 1 | 1 | 0 | 0 | d | d | d | d | d | d | d |
| - | 1 | 1 | 0 | 1 | d | d | d | d | d | d | d |
| - | 1 | 1 | 1 | 0 | d | d | d | d | d | d | d |
| - | 1 | 1 | 1 | 1 | d | d | d | d | d | d | d |

***Tab. 4.11:*** *Schalttabelle zur Siebensegmentanzeige*

Bei dieser Tabelle ist zu beachten, dass die korrekte Ansteuerung einer der Ziffern 0, …, 9 nur über die Verwendung einer kompletten Tabellenzeile erfolgt. Eine einzelne Spalte ist nur für die Ansteuerung eines einzelnen Leuchtsegments (an oder aus) zuständig.

Exemplarisch realisieren wir die Schaltfunktion für Leuchtsegment $S_0$. Für das Diagramm ergeben sich somit folgende Einträge:

| | | a, b | | | |
|---|---|---|---|---|---|
| | | 00 | 01 | 11 | 10 |
| c, d | 00 | 1 | | d | 1 |
| | 01 | | 1 | d | 1 |
| | 11 | 1 | 1 | d | d |
| | 10 | 1 | 1 | d | d |

Die nicht definierten „d"-Felder werden im Sinne der Bildung maximal großer „Einserblöcke" ausgenutzt. Wir können die folgenden Blöcke identifizieren:

| | | a, b | | | |
|---|---|---|---|---|---|
| | | 00 | 01 | 11 | 10 |
| c, d | 00 | 1 | | d | 1 |
| | 01 | | 1 | d | 1 |
| | 11 | 1 | 1 | d | d |
| | 10 | 1 | 1 | d | d |

Dieser Block entspricht der Variablen a

| | | a, b | | | |
|---|---|---|---|---|---|
| | | 00 | 01 | 11 | 10 |
| c, d | 00 | 1 | | d | 1 |
| | 01 | | 1 | d | 1 |
| | 11 | 1 | 1 | d | d |
| | 10 | 1 | 1 | d | d |

Dieser Block entspricht der Variablen c

| | | a, b | | | |
|---|---|---|---|---|---|
| | | 00 | 01 | 11 | 10 |
| c, d | 00 | 1 | | d | 1 |
| | 01 | | 1 | d | 1 |
| | 11 | 1 | 1 | d | d |
| | 10 | 1 | 1 | d | d |

Diese zwei Blöcke entsprechen den Termen bd und b'd'. Die disjunktive Minimalform sieht somit wie folgt aus:

$$f(a, b, c, d) = a \vee c \vee bd \vee b'd'$$

## 4.4 Verknüpfungsbasen

Die Definition einer Booleschen Algebra erfolgte über den Nachweis der Existenz zweier zweistelligen Verknüpfungen, welche im Modell der Schaltalgebra mit „∧“ und „∨“ bezeichnet wurden und eines einstelligen Operators, welcher mit „ ' “ dargestellt wurde. Diese Verknüpfungen mussten gewissen Gesetzmäßigkeiten gehorchen.

Da die Operatoren „∧“ und „∨“ und „ ' “ der Schaltalgebra für den Entwurf digitaler Schaltungen nicht naturgegeben sind, sondern auch irgendwie technisch realisiert werden müssen, sind die folgenden Fragen von Interesse:

1. Sind prinzipiell alle drei Operatoren zum Entwurf einer beliebigen Schaltung notwendig oder kommt man auch mit weniger aus?

2. Gibt es uns bisher unbekannte Verknüpfungsoperatoren, welche den Bau einer Digitalschaltung weiter vereinfachen können?

Um diesen Fragen systematisch nachgehen zu können, betrachten wir in der folgenden Tabelle alle Funktionen in zwei Variablen. Hier tauchen neben den schon bekannten Funktionen „und/AND“, „oder/OR“ und „nicht/NOT“ auch die im Rahmen der Aussagenlogik definierte Implikation und Äquivalenz wieder auf. Darüber hinaus werden drei neue Operatoren namentlich hervorgehoben. Dies sind die *Antivalenz,* auch „exklusives Oder“ bzw. *XOR* genannt, das *NOR* und das *NAND*. Es handelt sich hierbei um Verknüpfungen, denen im Rahmen der Schaltalgebra besondere Bedeutung zukommt.

| Nr. | a | b | f(a, b) | kDN | Bezeichnung im Rahmen der Schaltalgebra |
|---|---|---|---|---|---|
| $f_0$ | 0 | 0 | 0 | 0 | Nullfunktion |
| | 0 | 1 | 0 | | |
| | 1 | 0 | 0 | | |
| | 1 | 1 | 0 | | |
| $f_1$ | 0 | 0 | 0 | ab | AND |
| | 0 | 1 | 0 | | |
| | 1 | 0 | 0 | | |
| | 1 | 1 | 1 | | |
| $f_2$ | 0 | 0 | 0 | ab’ | |
| | 0 | 1 | 0 | | |
| | 1 | 0 | 1 | | |
| | 1 | 1 | 0 | | |
| $f_3$ | 0 | 0 | 0 | ab’ ∨ ab | |
| | 0 | 1 | 0 | | |
| | 1 | 0 | 1 | | |
| | 1 | 1 | 1 | | |
| $f_4$ | 0 | 0 | 0 | a’b | |
| | 0 | 1 | 1 | | |
| | 1 | 0 | 0 | | |
| | 1 | 1 | 0 | | |
| $f_5$ | 0 | 0 | 0 | a’b ∨ ab | |
| | 0 | 1 | 1 | | |
| | 1 | 0 | 0 | | |
| | 1 | 1 | 1 | | |
| $f_6$ | 0 | 0 | 0 | a’b ∨ ab’ | Antivalenz, XOR |
| | 0 | 1 | 1 | | |
| | 1 | 0 | 1 | | |
| | 1 | 1 | 0 | | |
| $f_7$ | 0 | 0 | 0 | a’b ∨ ab’ ∨ ab | OR |
| | 0 | 1 | 1 | | |
| | 1 | 0 | 1 | | |
| | 1 | 1 | 1 | | |
| $f_8$ | 0 | 0 | 1 | a’b’ | NOR |
| | 0 | 1 | 0 | | |
| | 1 | 0 | 0 | | |
| | 1 | 1 | 0 | | |

| | | | | | |
|---|---|---|---|---|---|
| $f_9$ | 0 | 0 | 1 | a'b' ∨ ab | Äquivalenz, a ↔ b |
| | 0 | 1 | 0 | | |
| | 1 | 0 | 0 | | |
| | 1 | 1 | 1 | | |
| $f_{10}$ | 0 | 0 | 1 | a'b' ∨ ab' | |
| | 0 | 1 | 0 | | |
| | 1 | 0 | 1 | | |
| | 1 | 1 | 0 | | |
| $f_{11}$ | 0 | 0 | 1 | a'b' ∨ ab' ∨ ab | Implikation b → a |
| | 0 | 1 | 0 | | |
| | 1 | 0 | 1 | | |
| | 1 | 1 | 1 | | |
| $f_{12}$ | 0 | 0 | 1 | a'b' ∨ a'b | |
| | 0 | 1 | 1 | | |
| | 1 | 0 | 0 | | |
| | 1 | 1 | 0 | | |
| $f_{13}$ | 0 | 0 | 1 | a'b' ∨ a'b ∨ ab | Implikation a → b |
| | 0 | 1 | 1 | | |
| | 1 | 0 | 0 | | |
| | 1 | 1 | 1 | | |
| $f_{14}$ | 0 | 0 | 1 | a'b' ∨ a'b ∨ ab' | NAND |
| | 0 | 1 | 1 | | |
| | 1 | 0 | 1 | | |
| | 1 | 1 | 0 | | |
| $f_{15}$ | 0 | 0 | 1 | a'b' ∨ a'b ∨ ab' ∨ ab | Einsfunktion |
| | 0 | 1 | 1 | | |
| | 1 | 0 | 1 | | |
| | 1 | 1 | 1 | | |

***Tab. 4.12**: Auflistung aller Funktionen in zwei Variablen*

Kommen wir auf die oben gestellte Frage zurück: Sind prinzipiell alle drei Operatoren zum Entwurf einer beliebigen Schaltung notwendig oder kommt man auch mit weniger aus?

Dass mit ∧, ∨ und ' alle 16 denkbaren Funktionen $f_0$ bis $f_{15}$ realisiert werden können, ist durch obige Tabelle bewiesen. Wenn einer der grundlegenden Operatoren der Booleschen Algebra überflüssig sein soll, muss somit gezeigt werden, dass er durch die verbleibenden Operatoren ausgedrückt werden kann. Wir versuchen dies zunächst, indem wir ∧ durch {∨, '} ausdrücken:

$$a \wedge b = (a \wedge b)'' = (a' \vee b')'$$

Analog lässt sich der Operator $\vee$ auch immer durch $\{\wedge, '\}$ ausdrücken. Es wird allerdings nicht gelingen, aus $\{\vee, '\}$ bzw. $\{\wedge, '\}$ noch einen Operator zu eliminieren und dennoch alle 16 Funktionen $f_0, \ldots, f_{15}$ mit $f_i\colon \mathbb{B}^2 \to \mathbb{B}$ realisieren zu können. Dies führt uns zur Definition des Begriffs des *vollständigen Operatorensystems* oder der *Verknüpfungsbasis*.

**Verknüpfungsbasis, vollständiges Operatorensystem**

Eine Menge von Verknüpfungen $v \in V$, mit denen sich alle möglichen Schaltfunktionen $f \in F$ darstellen lassen, heißt *Verknüpfungsbasis* oder *vollständiges Operatorensystem*.

**Beispiel**

Im Fall der 16 Funktionen $f_0, \ldots, f_{15}$ mit $f_i\colon \mathbb{B}^2 \to \mathbb{B}$ $(i = 0, \ldots, 15)$ kennen wir bis jetzt die folgenden Verknüpfungsbasen:

$$V_0 = \{ \wedge, \vee, ' \}$$

$$V_1 = \{\wedge, '\}$$

$$V_2 = \{\vee, '\}$$

Es stellt sich nun die Frage, ob es hierzu Verknüpfungsbasen gibt, welche mit nur einem einzigen Operator auskommen. Betrachten wir hierzu als mögliche Kandidaten die NOR- und die NAND-Funktion. „NOR“ steht als Abkürzung für NOT OR, weil die Wirkungsweise dieses Operators der Negation des „oder“-Operators entspricht. Als Symbol für NOR führen wir „$\downarrow$“ ein. Es gilt also:

$$a \text{ NOR } b = (a \vee b)' = a \downarrow b$$

NAND steht als Abkürzung für NOT AND. Die Wirkungsweise dieses Operators entspricht der Negation des „und“-Operators. Als Symbol für NAND führen wir „ | “ ein. Es gilt:

$$a \text{ NAND } b = (a \wedge b)' = a \mid b$$

Wir behaupten $\{\downarrow\}$ und $\{|\}$ sind vollständige Operatorensysteme.

**Beweis**

Wir zeigen unter Rückgriff auf die Verknüpfungsbasis $V_2 = \{\vee, '\}$, dass $\{\downarrow\}$ Verknüpfungsbasis ist.

Ausdrücken der Negation „ ’ “ durch „$\downarrow$“:

$$a' = (a \vee a)' = a \downarrow a$$

Ausdrücken von „$\vee$“ durch „$\downarrow$“:

$$a \vee b = (a \vee b)'' = (a \downarrow b)' = (a \downarrow b) \downarrow (a \downarrow b)$$

Der Beweis für NAND geht analog (siehe Übungsaufgaben). Wir können also folgende Verknüpfungsbasen festhalten:

| | |
|---|---|
| $\{\wedge, \vee, '\}$ | (AND, OR, NOT) |
| $\{\wedge, '\}$ | (AND, NOT) |
| $\{\vee, '\}$ | (OR, NOT) |
| $\{\downarrow\}$ | (NOR) |
| $\{\mid\}$ | (NAND) |

***Tab. 4.13**: Verknüpfungsbasen*

Die Minimierung des Aufwands bei der Realisierung einer Schaltung kann damit noch weiter getrieben werden. Setzen wir NAND und NOR ebenfalls als elementare Operatoren an, deren Kosten mit „1“ zu bewerten sind, kann der Aufwand für eine Schaltung über die DM hinaus noch weiter vereinfacht werden. Dies kann mit folgendem einfachen Beispiel gezeigt werden:

$f(a, b, c) = (a \mid b) \downarrow c$

$(a \mid b) \downarrow c =$

$((a \wedge b)' \vee c)' =$

$((a \wedge b)'' \wedge c') =$

$abc'$

Es ist unschwer zu erkennen, dass mit $f(a, b, c) = abc'$ bereits die DM vorliegt. Andererseits ist der Aufwand von $f(a, b, c) = (a \mid b) \downarrow c$ mit 2 zu bewerten, wohingegen der Aufwand für $f(a, b, c) = abc'$ 3 beträgt.

# 4.5 Grundlegende Schaltungen

## 4.5.1 Schaltgatter

Im Kontext der Schaltalgebra greift man beim Bau einfacher Digitalschaltungen auf die Existenz schaltalgebraischer Verknüpfungen als Grundbausteine zurück, diese nennt man Schaltgatter. Hierfür existieren spezielle graphische Symbole nach DIN 40700, die in der folgenden Übersicht tabellarisch aufgelistet sind:

| | Darstellung nach DIN 40700 |
|---|---|
| NICHT-Gatter mit Kurzform (Negationsglied) a’ | 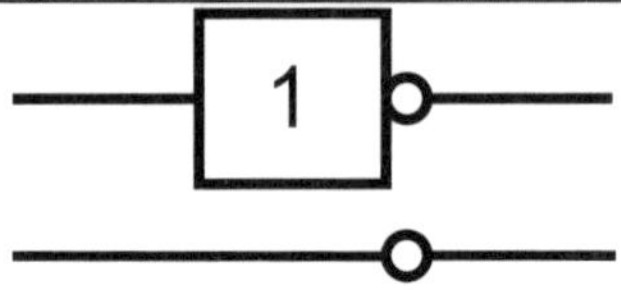  |
| UND-Gatter (Konjunktionsglied) $a \wedge b$ |   |
| ODER-Gatter (Disjunktionsglied) $a \vee b$ |   |
| NOR-Gatter $a \downarrow b$ | 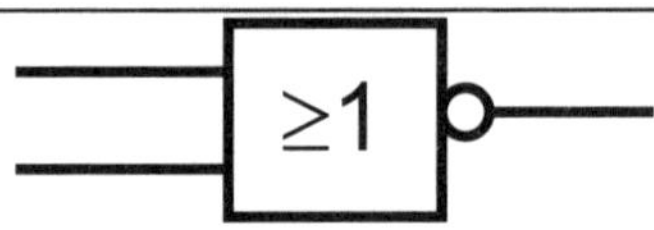  |
| NAND-Gatter $a \mid b$ | 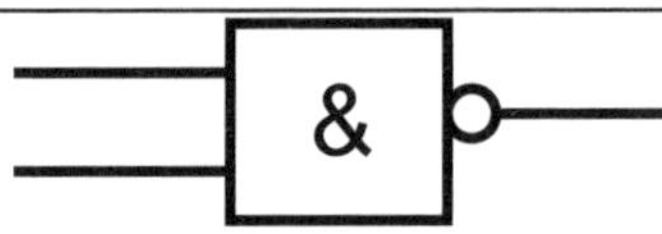  |
| XOR-Gatter $a \oplus b$ | 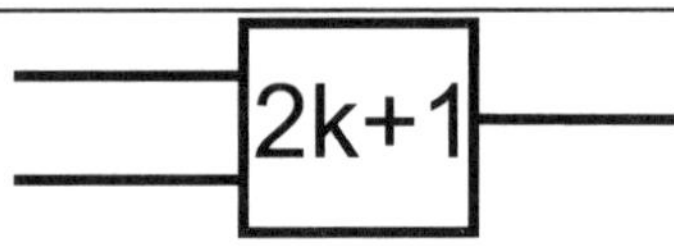  |

***Abb. 4.8:*** *Symbole für Schaltgatter*

**Beispiel**

Realisierung der Schaltung $a \rightarrow b$ durch $\{', \wedge, \vee\}$

| **a** | **b** | **a → b** |
|---|---|---|
| 0 | 0 | 1 |
| 0 | 1 | 1 |
| 1 | 0 | 0 |
| 1 | 1 | 1 |

Ergibt folgende Schaltfunktion in kDN:

$f(a, b) = a'b' \vee a'b \vee ab$

Zur Minimierung der Funktion wählen wir ein KV-Diagramm:

| | | a | |
|---|---|---|---|
| | | 0 | 1 |
| b | 0 | 1 | |
| | 1 | 1 | 1 |

Dies ergibt folgende Schaltfunktion:

$f(a, b) = a' \vee b$

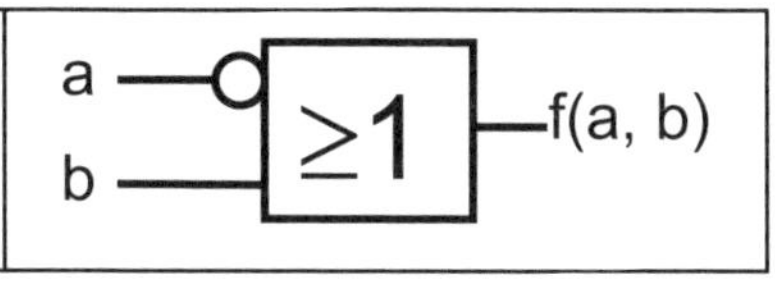


## 4.5.2 Schaltnetze

Es ist klar, dass die bisherige Betrachtung von Schaltfunktionen der Form

$f: \mathbb{B}^n \rightarrow \mathbb{B}$ mit

$(a_1, a_2, ..., a_n) \mapsto f(a_1, a_2, ..., a_n)$

unzureichend für praktische Fragestellungen ist, da nur ein einziges Ausgangssignal erzeugt wird. Wollen wir z.B. mit einer Digitalschaltung die für einen Computer elementare Aufgabe lösen, zwei Dualzahlen zu addieren, so benötigen wir einen Schaltungsentwurf, welcher in der Lage ist, das entsprechend große Resultat der Addition wieder mithilfe eines ausreichend breiten Datenbusses darzustellen.

**Schaltnetz**

Schaltungen, die n Eingangssignale zu m Ausgangssignalen verarbeiten, nennt man *Schaltnetze*. Ein Schaltnetz F realisiert somit eine Abbildung:

$f: \mathbb{B}^n \rightarrow \mathbb{B}^m$

$a = (a_1, a_2, ..., a_n) \mapsto f(a) = (f_1(a), f_2(a), ..., f_m(a))$

Die einzelnen $f_j(a)$ mit $a = (a_1, a_2, ..., a_n)$ sind dabei nichts anderes als unsere bisher entwickelten Schaltfunktionen. Die Bündelung von m Schaltfunktionen mit gleichem Eingangssignalvektor a realisiert somit ein Schaltnetz.

Wir wollen ein einfaches Schaltnetz entwickeln, welches in der Lage ist, zwei einstellige Dualzahlen (Dualziffern) korrekt zu addieren. Ein solches Schaltnetz nennt man in der Digitaltechnik *Halbaddierer*. Die technologische Vorgabe für den Entwurf liefert die folgende Tabelle, welche bei Eingabe von zwei Dualziffern a und b das jeweils korrekte Ergebnis anzeigt. Die zwei Variablen des Ergebnisses bezeichnen wir dabei mit s für Summe und ü für Übertrag.

| **a** | **b** | **s = $f_1$(a, b)** | **ü = $f_2$(a, b)** |
|---|---|---|---|
| 0 | 0 | 0 | 0 |
| 0 | 1 | 1 | 0 |
| 1 | 0 | 1 | 0 |
| 1 | 1 | 0 | 1 |

***Tab. 4.14**: Schalttabelle des Halbaddierers*

Die Realisierung der Schaltfunktionen $f_1$ und $f_2$ lässt sich als kDN aus den Tabellen ablesen:

$$s = f_1(a, b) = a'b \vee ab'$$

$$ü = f_2(a, b) = ab$$

Eine weitere Optimierung mit KV-Diagrammen ist bei beiden Funktionen nicht mehr möglich. Bei s fällt allerdings auf, dass die entsprechende Funktion auch durch das Antivalenz-Gatter realisiert werden kann:

$$s = f_1(a, b) = a \oplus b$$

Der Bauplan des Halbaddierers unter Rückgriff auf die uns bekannten Schaltgatter stellt sich also folgendermaßen dar:

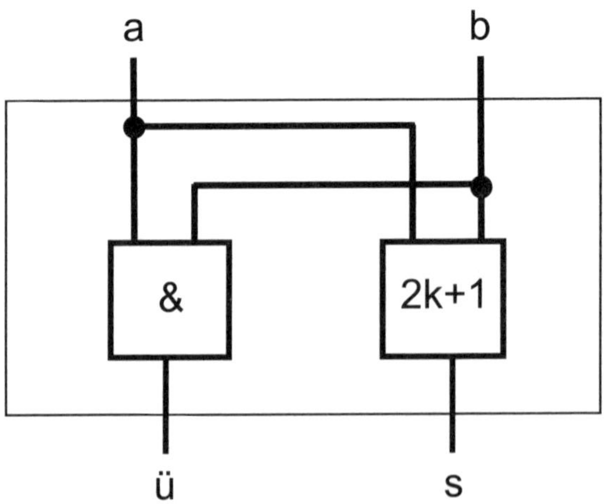


***Abb. 4.9:** Bauplan des Halbaddierers*

Da wir diesen Baustein als Modul für die Entwicklung komplexerer Schaltungen wieder benötigen, gibt es für den Halbaddierer (HA) ein eigenes Symbol:

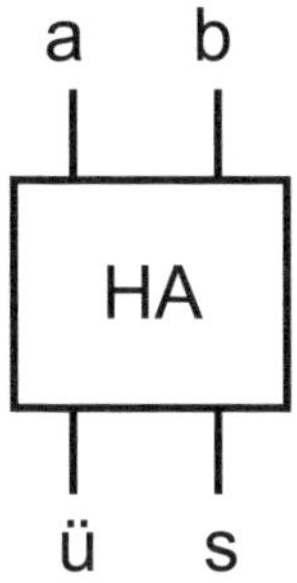


***Abb. 4.10:*** *Symbol des Halbaddierers (HA)*

Unser Ziel ist die Entwicklung eines Schaltwerks, welches in der Lage ist, zwei beliebig große Dualzahlen korrekt zu addieren. Nehmen wir als Beispiel hierfür die Addition zweier achtstelliger Dualzahlen:

| Stelle | 8 | 7 | 6 | 5 | 4 | 3 | 2 | 1 |
|---|---|---|---|---|---|---|---|---|
| Zahl x | 0 | 1 | 0 | 1 | 1 | 0 | 1 | 0 |
| Zahl y<br>(Übertrag) | 1 | 0 | 0<br>(1) | 0<br>(1) | 1<br>(1) | 1<br>(1) | 1 | 0 |
| Ergebnis | 1 | 1 | 1 | 0 | 1 | 0 | 0 | 0 |

***Tab. 4.15****: Addition von Dualzahlen*

Für die Addition an Stelle 1 genügt der von uns schon entwickelte Halbaddierer. Spätestens jedoch ab der zweiten Stelle, in unserem konkreten Fall an der dritten Stelle, muss ein eventuell von der vorigen Stelle vorhandener Übertrag bei der Addition berücksichtigt werden. Dies wird im obigen Beispiel durch die 1 in Klammer verdeutlicht. Wir benötigen also ein Modul, welches drei Eingangssignale a, b und $ü_1$ zu zwei Ausgangssignalen s und $ü_2$ verarbeitet. Dieses Modul nennt man Volladdierer. Die zugehörige Schalttabelle stellt sich wie folgt dar:

| **a** | **b** | **$\ddot{u}_1$** | **$s = f_1(a, b, \ddot{u}_1)$** | **$\ddot{u}_2 = f_2(a, b, \ddot{u}_1)$** |
|---|---|---|---|---|
| 0 | 0 | 0 | 0 | 0 |
| 0 | 0 | 1 | 1 | 0 |
| 0 | 1 | 0 | 1 | 0 |
| 0 | 1 | 1 | 0 | 1 |
| 1 | 0 | 0 | 1 | 0 |
| 1 | 0 | 1 | 0 | 1 |
| 1 | 1 | 0 | 0 | 1 |
| 1 | 1 | 1 | 1 | 1 |

***Tab. 4.16**: Schalttabelle des Volladdierers*

Wir können aus obiger Schalttabelle folgende Schaltfunktionen für s und $\ddot{u}_2$ in kDN ablesen:

$$s = f_1(a, b, \ddot{u}_1) = a'b'\ddot{u}_1 \vee a'b\ddot{u}_1' \vee ab'\ddot{u}_1' \vee ab\ddot{u}_1$$

$$\ddot{u}_2 = f_2(a, b, \ddot{u}_1) = a'b\ddot{u}_1 \vee ab'\ddot{u}_1 \vee ab\ddot{u}_1' \vee ab\ddot{u}_1$$

Für s sieht das KV-Diagramm folgendermaßen aus:

| | | a, b | | | |
|---|---|---|---|---|---|
| | | 00 | 01 | 11 | 10 |
| $\ddot{u}_1$ | 0 | | 1 | | 1 |
| | 1 | 1 | | 1 | |

Hier lässt sich keine Optimierungsmöglichkeit erkennen. In Analogie zum Entwurf des HA sieht man auch hier, dass unter Rückgriff auf Antivalenzgatter die Schaltung wie folgt realisiert werden kann:

$$s(a, b, \ddot{u}_1) = a \oplus b \oplus \ddot{u}_1$$

Für $\ddot{u}_2$ ergibt sich das folgende KV-Diagramm, in dem sich drei Blöcke bilden lassen

| ab | | a, b | | | |
|---|---|---|---|---|---|
| | | 00 | 01 | 11 | 10 |
| $\ddot{u}_1$ | 0 | | | 1 | |
| | 1 | | 1 | 1 | 1 |

| $aü_1$ | | a, b | | | |
|---|---|---|---|---|---|
| | | 00 | 01 | 11 | 10 |
| $ü_1$ | 0 | | | 1 | |
| | 1 | | 1 | 1 | 1 |

| $bü_1$ | | a, b | | | |
|---|---|---|---|---|---|
| | | 00 | 01 | 11 | 10 |
| $ü_1$ | 0 | | | 1 | |
| | 1 | | 1 | 1 | 1 |

und es ergibt sich die Optimierung:

$ü_2(a, b, ü) = ab \vee aü_1 \vee bü_1$

Als Bauplan für den Volladdierer ergibt sich folgendes Schaubild:

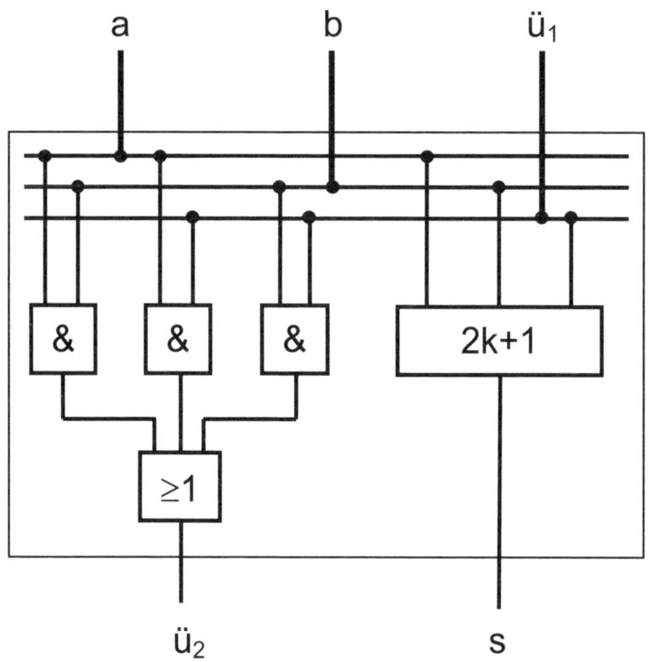


***Abb. 4.11**: Bauplan des Volladdierers*

Da wir auch diesen Baustein auf höherer Ebene wieder als vorgefertigt zur Verfügung stellen wollen, führen wir auch für den Volladdierer (VA) ein eigenes Symbol ein:

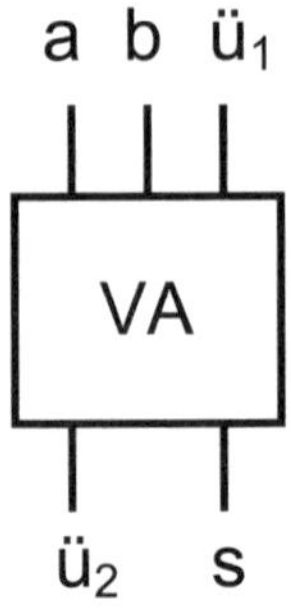


*Abb. 4.12: Symbol des Volladdierers (VA)*

Erst jetzt können wir mit den bisher entwickelten Modulen HA und VA die Lösung der ursprünglichen Aufgabe der Addition zweier n-stelliger Dualzahlen fertig stellen.

Addition zweier n-stelliger Dualzahlen

| | | | | | | | |
|---|---|---|---|---|---|---|---|
| a = | ( | $a_{n-1}$ | $a_{n-2}$ | ... | $a_1$ | $a_0$ | ) |
| b = | ( | $b_{n-1}$ | $b_{n-2}$ | ... | $b_1$ | $b_0$ | ) |
| s = | ( | $s_{n-1}$ | $s_{n-2}$ | ... | $s_1$ | $S_0$ | ) |

Unter Rückgriff auf die bisher entwickelten Bausteine HA und VA löst der folgende Schaltungsentwurf die Aufgabe der Addition zweier n-stelliger Dualzahlen:

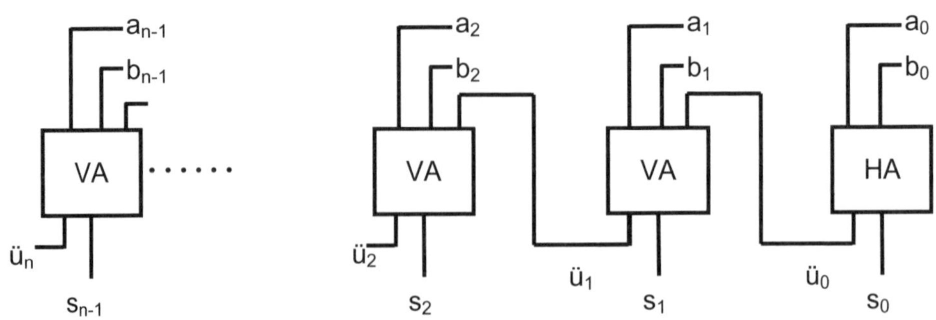


*Abb. 4.13: Abbildung Addierer mit durchlaufendem Übertrag*

# 4.6 Aufgaben zu Kapitel 4

**Aufgabe 4.1**

Beweisen Sie die Gültigkeit der Idempotenzgesetze für eine Boolesche Algebra unter ausschließlichem Rückgriff auf die Axiomatik für Boolesche Algebren.

Idempotenzgesetze

$\forall a \in M: \quad a \otimes a = a$

$\forall a \in M: \quad a \oplus a = a$

**Aufgabe 4.2**

Entwickeln Sie zu folgendem Term mithilfe des Quine-McCluskey-Algorithmus eine disjunktive Minimalform:

$f(a, b, c) = a'b'c' \vee a'b'c \vee a'bc' \vee ab'c' \vee ab'c \vee abc$

**Aufgabe 4.3**

Ermitteln Sie die disjunktive Minimalform mithilfe von KV-Diagrammen für die folgende Funktion:

$f(a, b, c) = abc \vee a'bc \vee ab'c \vee a'b'c \vee ab'c' \vee a'b'c'$

**Aufgabe 4.4**

Zeigen Sie unter Rückgriff auf die Verknüpfungsbasis $V_1 = \{\wedge, '\}$ und $V_2 = \{\vee, '\}$, dass NAND „ | “ Verknüpfungsbasis ist.

**Aufgabe 4.5**

Entwickeln Sie eine DM für die Leuchtsegmente $S_1$, $S_2$ und $S_3$ der Siebensegmentanzeige aus Abschnitt 4.3.

| Ziffer | a | b | c | d | $S_0$ | $S_1$ | $S_2$ | $S_3$ | $S_4$ | $S_5$ | $S_6$ |
|---|---|---|---|---|---|---|---|---|---|---|---|
| 0 | 0 | 0 | 0 | 0 | 1 | 1 | 0 | 1 | 1 | 1 | 1 |
| 1 | 0 | 0 | 0 | 1 | 0 | 0 | 0 | 1 | 0 | 0 | 1 |
| 2 | 0 | 0 | 1 | 0 | 1 | 0 | 1 | 1 | 1 | 1 | 0 |
| 3 | 0 | 0 | 1 | 1 | 1 | 0 | 1 | 1 | 0 | 1 | 1 |
| 4 | 0 | 1 | 0 | 0 | 0 | 1 | 1 | 1 | 0 | 0 | 1 |
| 5 | 0 | 1 | 0 | 1 | 1 | 1 | 1 | 0 | 0 | 1 | 1 |
| 6 | 0 | 1 | 1 | 0 | 1 | 1 | 1 | 0 | 1 | 1 | 1 |
| 7 | 0 | 1 | 1 | 1 | 1 | 0 | 0 | 1 | 0 | 0 | 1 |
| 8 | 1 | 0 | 0 | 0 | 1 | 1 | 1 | 1 | 1 | 1 | 1 |
| 9 | 1 | 0 | 0 | 1 | 1 | 1 | 1 | 1 | 0 | 1 | 1 |
| - | 1 | 0 | 1 | 0 | d | d | d | d | d | d | d |
| - | 1 | 0 | 1 | 1 | d | d | d | d | d | d | d |
| - | 1 | 1 | 0 | 0 | d | d | d | d | d | d | d |
| - | 1 | 1 | 0 | 1 | d | d | d | d | d | d | d |
| - | 1 | 1 | 1 | 0 | d | d | d | d | d | d | d |
| - | 1 | 1 | 1 | 1 | d | d | d | d | d | d | d |

**Aufgabe 4.6**

Gegeben sei folgendes Schaltnetz:

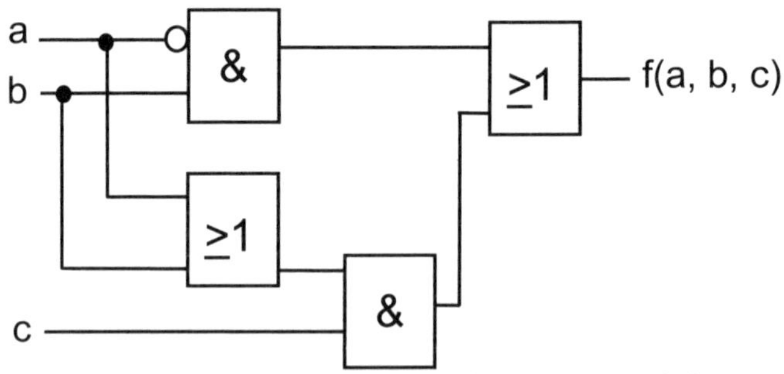


a) Wie lautet die zugehörige Schaltfunktion für f, die das Schaltnetz exakt wiedergibt?

b) Stellen Sie f aus Aufgabenteil a) in der Verknüpfungsbasis NOR {↓} dar. Verwenden Sie hierfür möglichst wenige NOR-Operatoren.

**Aufgabe 4.7**

Gegeben sei die folgende Tabelle für einen Schaltungsentwurf:

| a | b | c | f(a, b, c) |
|---|---|---|---|
| 0 | 0 | 0 | 0 |
| 0 | 0 | 1 | 0 |
| 0 | 1 | 0 | 0 |
| 0 | 1 | 1 | 1 |
| 1 | 0 | 0 | 0 |
| 1 | 0 | 1 | 0 |
| 1 | 1 | 0 | 1 |
| 1 | 1 | 1 | 1 |

a) Wie lautet obige Schaltfunktion in kKN (Maxtermdarstellung)?

b) Wie lautet obige Schaltfunktion in kDN (Mintermdarstellung)?

c) Reduzieren Sie die kDN auf eine Formel, welche Grundlage für einen Schaltungsentwurf mit einer minimalen Zahl von Gattern (nur *AND*, *OR* und *NOT*) ist.

**Aufgabe 4.8**

Bei der Entwicklung eines Kopierers ist eine Schaltung zu entwerfen, welche die Kopierfunktion blockiert und die Störungslampe aufleuchten lässt (S = 1), wenn der Kopierer angeschaltet ist (A = 1) und einer der folgenden Fälle auftritt:

(1) Der Toner ist leer (T = 0).

(2) Es wird ein Papierstau an den Stellen $S_1, \ldots, S_4$ gemeldet ($S_i = 1$).

(3) Entweder das Papierfach ist leer (P = 0) und die Klappe für manuelle Papierzufuhr ist zu (M = 1) oder es liegt Papier im Fach und die Klappe für manuelle Papierzufuhr ist gleichzeitig offen.

# 5 Prädikatenlogik und logisches Programmieren

## 5.1 Grundlagen der Prädikatenlogik

Im vorangegangenen Abschnitt haben wir uns mit der Schaltalgebra als Modell einer zweielementigen Booleschen Algebra beschäftigt. Dieses Modell hat sich für den Entwurf digitaler Schaltungen als außerordentlich mächtig gezeigt. Wir kennen aus dem ersten Kapitel in diesem Buch mit der Aussagenlogik eine weitere zweielementige Boolesche Algebra. Leider erweist sich diese im Bereich des logischen Schließens als weitaus weniger mächtig. Ganz im Gegenteil, wir stoßen selbst bei einfachen Beispielen logischen Schließens, welche sich intuitiv dem „gesunden Menschenverstand" erschließen, an die Grenzen der Aussagenlogik. Aus der Antike ist folgendes Beispiel logischen Schließens überliefert:

> *Aus der Erkenntnis „Alle Menschen sind sterblich" und „Sokrates ist ein Mensch" wurde folgender Schluss gezogen: „Sokrates ist sterblich".*

Wir müssen uns zunächst klar machen, dass diese Schlussfolgerungskette im Rahmen der Aussagenlogik nicht möglich ist. Hier ist es nur möglich, Elementaraussagen, die mit „wahr" oder „falsch" bewertet werden können, mithilfe logischer Operatoren zu verknüpfen und das Resultat dann ebenfalls mit „wahr" oder „falsch" zu bewerten. Bei der obigen Schlussfolgerung steht jedoch etwas anderes im Vordergrund. Abstrakt gesehen erfolgt der obige Schluss dadurch, dass eine *Konstante* in eine *Variable* eingesetzt wird. Die Konstante ist hierbei „Sokrates", sie ist vom „Datentyp" Mensch und kann damit in eine Variable eingesetzt werden, welche eine Aussage über eine Eigenschaft aller Menschen macht.

Diese Art der Aussagen ist uns schon häufiger bei der Formulierung mathematischer Sätze begegnet. Sie ist dort oft mit der Verwendung der im Kapitel 3 eingeführten Quantoren „für alle" ($\forall$) und „es existiert ein" ($\exists$) verbunden. Unter Rückgriff auf diese Symbole ist es möglich, obige Aussage zu formalisieren:

„Alle Menschen sind sterblich" kann umgesetzt werden in

$$\forall x\ (\text{Mensch}(x) \rightarrow \text{sterblich}(x))$$

„Sokrates ist ein Mensch" kann umgesetzt werden in

$$\text{Mensch}(\text{Sokrates})$$

Mithilfe dieses kleinen Beispiels können wir die Grundstrukturen der Prädikatenlogik erläutern: Kern der Prädikatenlogik sind Aussagen über die Eigenschaften von Objekten, welche wir dann als Individuen bezeichnen. Diese Individuen entstammen einem klar definierten Individuenbereich. Die Beschreibung der Eigenschaften von Objekten erfolgt mit Hilfe von n-stelligen Prädikaten der Form $P(x_1, \dots, x_n)$. Die Individuenvariablen werden durch Quantoren gebunden, welche eine Aussage darüber machen, für wie viele Objekte vom Typ x die entsprechende Eigenschaft zutrifft. Darüber hinaus finden wir in der Prädikatenlogik auch noch Funktionsterme, welche über Individuenbereiche definiert sind und als Resultat Individuen liefern. Die Möglichkeit der Verwendung aller aus der Aussagenlogik bekannten Operatoren (Junktoren) sowie des Gleichheitszeichens runden die Syntax der Prädikatenlogik ab.

**Beispiel**

Die Aussage:

$\forall x \in \mathbb{N}$ gilt $x^2 \geq x$ können wir im Rahmen der Prädikatenlogik wie folgt umsetzen:

$\forall x \in \mathbb{N}$ (ist_größer_oder_gleich(Quadrat(x), x))

Hier können wir identifizieren:

1. Den *Allquantor*, welcher eine Aussage darüber macht, für wie viele Objekte vom Typ x obige Eigenschaft zutrifft.
2. Den *Individuenbereich* $\mathbb{N}$, dem x entstammt.
3. Das *zweistellige Prädikat* ist_größer_oder_gleich(x, y), welches dem uns bekannten Operator „≥“ aus der Mathematik entspricht.
4. Den *Funktionsterm* (Funktor) Quadrat(x), welcher das Quadrat der Zahl x bildet.

Festzuhalten ist, dass alleine einem Prädikat noch kein Wahrheitswert zugeordnet werden kann. So ist es z.B. unsinnig, bei folgendem Ausdruck nach wahr oder falsch zu fragen:

ist_größer_oder_gleich(x, y); $x \in \mathbb{N}$

Ein Wahrheitswert kann erst dann zugewiesen werden, wenn entweder die Individuenvariablen x und y mit Individuenkonstanten belegt werden, wie z.B. für den Fall

ist_größer_oder_gleich(3, 8)

oder wenn die Variablen an Quantoren gebunden werden, wie etwa bei der Regel:

$\forall x \in \mathbb{N}$ (ist_größer_oder_gleich(Quadrat(x), x))

Wie wir schon in dem einführenden Beispiel:

$\forall x$ (Mensch(x) $\rightarrow$ sterblich(x))

gesehen haben, können Prädikate durch die aus dem Bereich der Aussagenlogik bekannten Operatoren verknüpft werden. Im obigen Fall ist dies der Implikationspfeil. Das Feststellen der universellen Gültigkeit, d.h. der Wahrheit einer solchen Regel obliegt dem Verfasser der entsprechenden Regel. Dies ist jedoch im Bereich der Aussagenlogik nicht anders. Auch hier kann ein völliger Unsinn formuliert werden, welcher formal dennoch als Aussage zu werten ist.

**Beispiele**

Als Beispiel für eine prädikatenlogisch korrekt formulierte Regel mit unsinnigem Inhalt soll das folgende dienen.

„Jedes Tier ist eine Katze oder ein Hund oder beides“. Prädikatenlogisch korrekt umgesetzt ergibt dies folgenden Term:

$$\forall x\ (\text{Tier}(x) \rightarrow (\text{Katze}(x) \vee \text{Hund}(x))$$

Eine sinnvolle Aussage, diesmal unter Verwendung des Existenzquantors, ist die Umsetzung des Satzes:

„Es gibt keinen Menschen, der weiter als 20m springt“.

$$\neg\exists x\ (\text{Mensch}(x) \wedge \text{springt\_weiter}(x, 20))$$

Mit dem letzten Beispiel kann noch einmal verdeutlicht werden, dass der Übergang von der Umgangssprache in die Sprache der Prädikatenlogik immer mit einer gewissen Wahlfreiheit verbunden ist. Dies gilt allerdings für fast alle Modellbildungen im Bereich der Informatik.

Im Kontext der Prädikatenlogik sind in der Regel folgende Aspekte zu beachten:

Bei der Umsetzung einer Aussage in eine prädikatenlogische Formel ist darauf zu achten, ob der Individuenbereich überhaupt abgeprüft werden muss. Ist aus dem Kontext heraus klar, dass sich alle Aussagen im Folgenden nur auf Menschen beziehen, könnte in obigem Beispiel das Prädikat *Mensch(x)* entfallen.

Weiter muss bei der Formulierung des Prädikats *springt_weiter(x, y)* in unserem Beispiel klar sein, dass an Stelle von x ein sinnvolles Objekt eingesetzt wird und an Stelle von y eine Weite in Metern steht. Wenn es einzig und alleine um den Sachverhalt geht, dass jemand weiter als 20 Meter springt, kann die letzte Aussage auch unter Verwendung des einstelligen Prädikats *„springt_weiter_als_20m(x)“* formuliert werden:

$$\neg\exists x\ (\text{Mensch}(x) \wedge \text{springt\_weiter\_als\_20m}(x))$$

Dies hat jedoch zur Folge, dass für jede andere Weite als 20m ein neues Prädikat eingeführt werden muss.

Die hier behandelte Prädikatenlogik wird als *Prädikatenlogik 1. Ordnung* bezeichnet, da die Quantifizierung nur über die Individuenvariablen erfolgt. Erfolgt die Quantifizierung auch über Prädikats- und Funktionssymbole, führt dies zur *Prädikatenlogik 2. Ordnung.*

# 5.2 Logisches Programmieren

Die im vorangegangenen Abschnitt vorgestellte Prädikatenlogik 1. Ordnung findet in vielen Bereichen der Informatik Anwendung. Eines dieser Gebiete ist der Bereich der Künstlichen Intelligenz und der wissensbasierten Systeme. Mit der Prädikatenlogik hat man die Möglichkeit, Wissen über einen bestimmten Gegenstandsbereich in Form geeignet formulierter Fakten und Regeln zu modellieren. Auf der Basis automatisierter Schlussfolgerungsmechanismen, sog. *Inferenzmechanismen*, kann dann aus vorhandenem Wissen auf neue Erkenntnisse geschlossen werden. Da von solchen Systemen Fragen von Benutzern ähnlich wie von einem menschlichen Experten beantwortet werden, spricht man von Expertensystemen. Die Prädikatenlogik erster Ordnung ist auch die Grundlage der Programmiersprache PROLOG (PROLOG steht als Abkürzung für „Programming in Logic").

Neben der Fähigkeit, Wissen über einen Gegenstandsbereich der realen Welt in geeigneter Form zu repräsentieren (*Repräsentationsproblem*), muss darüber nachgedacht werden, wie aus diesem Wissen maschinell Schlüsse gezogen werden können (*Inferenzproblem*). Wir haben im Kapitel über Aussagenlogik die Resolution kennen gelernt. Das Resolutionsverfahren ist automatisierbar und zudem auf die Prädikatenlogik übertragbar.

## 5.2.1 PROLOG

Die logische Programmiersprache PROLOG geht von dem Vorliegen einer ganz bestimmten Form der logischen Formeln aus. Diese werden Hornklauseln genannt. Sie basieren auf einer Sonderform der konjunktiven Normalform (KN) und werden im Folgenden zunächst mit Beispielen aus der Aussagenlogik erläutert.

Die konjunktive Normalform ist eine Konjunktion von Klauseln. Die beiden folgenden Terme sind in konjunktiver Normalform:

$$A_1 = (a \vee b \vee \neg c) \wedge (\neg a \vee b \vee \neg e) \wedge (a \vee b \vee \neg f)$$

$$A_2 = (a \vee \neg b \vee \neg c) \wedge (\neg a \vee b \vee \neg e)$$

Bei Term $A_2$ fällt auf, dass in jeder Klausel höchstens ein nichtnegiertes Literal auftaucht. Ist dies der Fall, so bezeichnen wir die entsprechende Klausel als *Hornklausel*. Einfach ausgedrückt ist ein PROLOG-Programm nichts anderes als eine KN, welche nur aus Hornklauseln besteht. Lediglich die Schreibweise erfolgt anders, ist jedoch am Beispiel leicht zu erklären.

Wir formen den Ausdruck

$$A_2 = (a \vee \neg b \vee \neg c) \wedge (\neg a \vee b \vee \neg e)$$

um, indem wir in jeder Klausel die negierten Variablen nach vorne ziehen:

$$A_2 = (\neg b \vee \neg c \vee a) \wedge (\neg a \vee \neg e \vee b)$$

Nun wenden wir das DeMorgansche Gesetz an:

$A_2 = (\neg(b \wedge c) \vee a) \wedge (\neg(a \wedge e) \vee b))$

Wir vereinfachen den Term unter Verwendung des Operators für die Implikation:

$A_2 = ((b \wedge c) \rightarrow a) \wedge ((a \wedge e) \rightarrow b))$

Nun sind wir schon sehr nahe an der Syntax von PROLOG. Wir treffen weiter noch folgende Vereinbarungen:

1. Die durch $\wedge$ verbundenen einzelnen Hornklauseln werden in einem PROLOG-Programm untereinander geschrieben. Jede Klausel wird mit einem Punkt beendet.
2. Kommt $\wedge$ innerhalb einer Klausel vor, so verwenden wir hierfür ein Komma.
3. Der Implikationspfeil $\rightarrow$ wird durch -: ersetzt und die Pfeilrichtung der Implikation wird umgedreht. Statt $a \rightarrow b$ schreiben wir also $b \leftarrow a$ bzw. b :- a.

Mit diesen Vereinbarungen würde sich der Term

$A_2 = ((b \wedge c) \rightarrow a) \wedge ((a \wedge e) \rightarrow b))$

als Fragment eines PROLOG-Programms wie folgt darstellen:

a :- b, c.

b :- a, e.

Der vordere Teil der Programmklausel wird dabei als *Klauselkopf* und der hintere Teil als *Klauselrumpf* bezeichnet. Obige Terme können wie folgt gelesen werden:

a :- b, c. *„a gilt, falls b und c gelten"*

b :- a, e. *„b gilt, falls a und e gelten"*

Neben diesen Regeln, welche die Gültigkeit einer Variablen in Abhängigkeit von der Gültigkeit von anderen Variablen ausdrücken, kann in einem PROLOG-Programm natürlich auch reines Faktenwissen formuliert werden. Dies erfolgt durch Angabe des Faktums, welches als gültig, d.h. wahr, betrachtet wird, gefolgt von einem Punkt. Dies entspricht einer Klausel ohne Rumpf, also einem Klauselkopf. Gilt a und b, wäre die entsprechende Formulierung in PROLOG die Folgende:

a.

b.

Ein PROLOG-Programm ist somit nichts anderes als eine Wissensbasis, welche Wissen in Form von Fakten und Regeln über einen gewissen Gegenstandsbereich beinhaltet. Ein vollständiges PROLOG-Programm im Kontext der Aussagenlogik ist das folgende:

(1) d.

(2) a :- c, b.

(3) a :- f, g.

(4) g.

(5) c :- d.

(6) f.

Die Wissensbasis ist jedoch nur ein Teil eines PROLOG-Programms bzw. eines Expertensystems. Wir benötigen zusätzlich noch einen Mechanismus, der in der Lage ist, mithilfe des vorhandenen Wissens auf neue Erkenntnisse zu schließen, also Sachverhalte, die als Anfrage an das PROLOG-Programm gestellt werden, zu verifizieren oder zu falsifizieren.

Dies geschieht bei PROLOG mithilfe der *Resolution*, die im Kapitel über Aussagenlogik schon behandelt wurde. Soll eine Anfrage an ein PROLOG-Programm verifiziert werden, so wird die Negation des angefragten Sachverhalts zur Klauselmenge hinzugefügt und es erfolgt eine Überprüfung der gesamten Formelmenge auf Widerspruch.

Sei A die Menge aller Programmklauseln und a eine Anfrage an das Programm, dann gilt:

$A \models a$, genau dann, wenn $(A \rightarrow a)$ eine Tautologie ist und dies ist wiederum dann der Fall,

wenn $(A \wedge \neg a)$ widerspruchsvoll ist.

Das oben angegebene PROLOG-Programm entspricht der folgenden Klauselmenge:

| PROLOG | Hornklausel |
|---|---|
| d. | $d$ |
| a :- c, b. | $a \vee \neg c \vee \neg b$ |
| a :- f, g. | $a \vee \neg f \vee \neg g$ |
| g. | $g$ |
| c :- d. | $c \vee \neg d$ |
| f. | $f$ |

***Tab. 5.1**: Umsetzung von PROLOG in Hornklauseln*

Die Frage, ob a aus den obigen Voraussetzungen folgt, stellt sich im Falle der Hornklauselmenge wie folgt:

$\{\{d\}, \{a, \neg c, \neg b\}, \{a, \neg f, \neg g\}, \{g\}, \{c, \neg d\}, \{f\}\} \models a$ bzw.

$\{\{d\}, \{a, \neg c, \neg b\}, \{a, \neg f, \neg g\}, \{g\}, \{c, \neg d\}, \{f\}, \{\neg a\}\} \models \square$

Wir zeigen dies mithilfe der Resolution:

res{a, ¬f, ¬g}, {f}) = {a, ¬g}

res({a, ¬g}, {g}) = {a}

res({a }, {¬a}) = □

Die Auswahl der „richtigen Klauseln“ in dem Sinne, dass die Resolution dann auch zum Erfolg führt, wurde oben von uns vorgenommen. Um den Resolutionsalgorithmus zu automatisieren benötigen wir ein Verfahren, welches die Klauseln auf systematische Art und Weise durchprobiert und somit – sofern eine Lösung existiert – diese ohne unser Zutun findet. Dieses Verfahren wird als SLD-Resolutionsverfahren bezeichnet und soll im Folgenden vorgestellt werden (SLD steht hierbei als Abkürzung für die englischsprachige Formulierung **L**inear resolution with **S**election function for **D**efinite horn clauses).

Da auch bei PROLOG die Negation der Anfrage zur Klauselmenge hinzugenommen wird um zu prüfen, ob die Gesamtmenge aller Klauseln unerfüllbar ist, müssen wir klären, wie der Negationsoperator in der Syntax von PROLOG dargestellt wird.

Es gilt:

$(a \rightarrow b) \leftrightarrow (\neg a \vee b)$

Weiter steht das Symbol „□“ als Zeichen für die „leere Klausel“ und damit für eine nicht erfüllbare Formel.

Somit ist:

$(a \rightarrow \Box) \leftrightarrow (\neg a \vee \Box)$

$\neg a$ entspricht also $a \rightarrow \Box$. In der PROLOG-Syntax entfällt die Notation der leeren Klausel. Wir schreiben dort nur noch:

$\leftarrow$ a bzw. :- a.

Klauseln in dieser Form werden auch als *Zielklauseln* bezeichnet.

Der SLD-Resolutionsmechanismus läuft nun in PROLOG folgendermaßen ab: Die Verifizierung oder Falsifizierung einer Anfrage erfolgt dadurch, dass die Negation der Anfrage in Form einer Zielklausel als Ausgangspunkt genommen wird. Nun wird die Menge aller PROLOG-Klauseln von oben nach unten durchlaufen und geprüft, ob ein zu der entsprechenden Programmklausel passender Klauselkopf gefunden wird. Dieser kann ein Faktum oder der Kopf einer Regel sein. Im Falle eines passenden Faktums (zu „:-a“ wäre das z.B. „a“) kann das Programm beendet werden, da jetzt schon gezeigt ist, dass „:-a“ und „a“ zusammen widerspruchsvoll sind und somit die Gültigkeit der Anfrage bewiesen wäre.

Falls man kein Faktum aber eine Regel findet, wird die Anfrage durch den Rumpf der neuen Regel als *Resolvente* ersetzt. Das gesamte Verfahren geht nun so lange weiter, bis irgendwann die leere Klausel erzeugt werden kann oder aber keine weitere Ersetzung mehr möglich ist, weil alle Klauseln schon durchprobiert worden sind.

**Backtracking**

Die Auswahl der passenden Programmklausel erfolgt immer streng durch Durchlaufen des PROLOG-Programms von oben nach unten, wobei immer die erste passende Klausel zur Resolution verwendet wird. Erst wenn der entsprechende Zweig in eine Sackgasse führt, wird genau zu dem Punkt zurückgesprungen, an dem außer der zuletzt gewählten Möglichkeit eine weitere Möglichkeit der Resolventenbildung existiert. Dieses Zurückspringen zu dem Punkt, an dem eine andere Klausel gewählt werden kann, wird als *Backtracking* bezeichnet.

Kann die leere Klausel hergeleitet werden, so antwortet PROLOG als Beleg der Verifizierung der Anfrage mit „Yes“, ansonsten mit „No“. Im Falle einer Anfrage an ein PROLOG-Programm wird zur Verdeutlichung der Anfrage statt dem Operator „:-“ das Symbol „?-“ verwendet. Wenn also nach der Gültigkeit von „a“ gefragt wird, erfolgt dies über die Anfrage:

?-a.

Das gesamte Verfahren soll nun mithilfe des vorigen Programms und der Anfrage a erläutert werden:

Programm

(1) d.

(2) a :- c, b.

(3) a :- f, g.

(4) g.

(5) c :- d.

(6) f.

Anfrage: a

?-a.

:-c, b. (Resolution mit Zeile 2)

:-d, b. (Resolution mit Zeile 5)

:-b. (Resolution mit Zeile 1)

Es findet sich nun im Programm keine Klausel für b, deswegen erfolgt ein Backtracking zum letzten Punkt, an dem sich eine Auswahlalternative angeboten hat. Dies ist die Auswahl von Zeile 3 für a im ersten Schritt statt Zeile 2, und somit ergibt sich folgende Resolvente:

:-f, g. (Resolution mit Zeile 3)

:-g. (Resolution mit Zeile 6)

Yes (Resolution mit Zeile 4 führt zur leeren Klausel)

Die Gültigkeit von a wurde somit bewiesen. Als Baumstruktur stellt sich der oben dargestellte Programmablauf wie folgt dar:

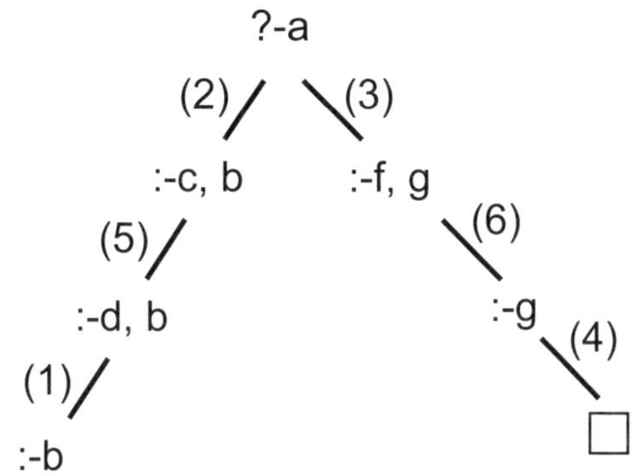


## 5.2.2 Erweiterung der Resolution auf die Prädikatenlogik

Prädikatenlogisch formulierte Sachverhalte lassen sich ebenfalls in Form von PROLOG-Programmklauseln darstellen. Hierbei werden alle Variablen als durch den Allquantor gebunden angesehen. Dieser kann dann weggelassen werden. Wir müssen uns zunächst darüber Gedanken machen, wie der Existenzquantor in den Allquantor überführt werden kann. Betrachten wir hierzu folgende Aussage:

„Nicht alle Vögel können fliegen"

Diese ist inhaltlich offensichtlich gleichwertig zu der Aussage:

„Es gibt mindestens einen Vogel, der nicht fliegen kann"

Übersetzen wir beide Aussagen in eine prädikatenlogische Formulierung unter Verwendung der Prädikate Vogel(x) und fliegt(x), so lauten beide Formulierungen wie folgt:

$$\neg\forall x\ (\text{Vogel}(x) \rightarrow \text{fliegt}(x))$$

$$\exists x\ (\text{Vogel}(x) \rightarrow \neg\text{fliegt}(x))$$

Dieses Beispiel lässt sich folgendermaßen auf beliebige Prädikate p und q verallgemeinern:

$$\neg\forall x\ (p(x) \rightarrow q(x)) \leftrightarrow \exists x(p(x) \rightarrow \neg q(x))$$

Für andere Beispiele lassen sich ebenso allgemeingültige Umwandlungen des Existenzquantors in den Allquantor finden. So gilt z.B.:

$$\forall x\ (p(x) \leftrightarrow \neg\exists x\ (\neg p(x))$$

Das Formulieren von Sachverhalten als PROLOG-Programmklauseln kann also in Zukunft ohne Verwendung der Quantoren entsprechend der im vorigen Abschnitt eingeführten Syntax erfolgen. Dies soll durch einige Beispiele erläutert werden. Zunächst erfolgt die Formulierung einiger Fakten.

**Beispiele**

Andrea ist mit Hans verheiratet:

verheiratet(andrea, hans)

Kevin ist am 1. 6. 1998 geboren:

geboren(kevin, datum(1. 6. 1998))

Gudrun ist die Mutter von Andrea

ist_Mutter_von(gudrun, andrea)

Die Kleinschreibung der Namen (Andrea, Hans, Gudrun, …) in der PROLOG-Syntax ist hier bewusst so gewählt worden, da in PROLOG Konstanten mit Kleinbuchstaben beginnen, wohingegen Variable dadurch gekennzeichnet sind, dass sie mit einem Großbuchstaben beginnen. Dies kommt im Kontext der Beschreibung der folgenden exemplarisch ausgewählten Regeln deutlich zum Ausdruck.

**Beispiele**

Die Aussage: „Eine Person ist dann die Schwester einer anderen Person, wenn sie weiblich ist und beide dieselbe Mutter haben“, wird in PROLOG wie folgt umgesetzt:

ist_Schwester_von(Schwester, Person) :-

weiblich(Schwester),

ist_Mutter_von(Mutter, Schwester), ist_Mutter_von(Mutter, Person),

not(Schwester = Person).

Die letzte Zeile dieses PROLOG-Statements stellt sicher, dass „Schwester“ und „Person“ nicht identisch sind. Sonst würde jede weibliche Person als Schwester von sich selbst bezeichnet werden.

Die Aussage: „Eine Person ist dann die Großmutter einer anderen Person, wenn sie die Mutter der Mutter oder die Mutter des Vaters dieser Person ist“, führt zu den zwei Regeln“:

ist_ Großmutter_von(Oma, Kind) :-

ist_Mutter_von(Oma, Mutter), ist_Mutter_von(Mutter, Kind).

ist_ Großmutter_von(Oma, Kind) :-

ist_Mutter_von(Oma, Vater), ist_Vater_von(Vater, Kind).

Für das vollständige Verständnis von PROLOG müssen wir nun noch wissen, wie die in der Aussagenlogik erläuterte Resolution auf die Prädikatenlogik übertragen wird.

Hierzu sind noch die beiden Begriffe Substitution und Unifikation zu klären:

**Substitution, Unifikation**

Als *Substitution* $[X_1 / t_1, \ldots, X_n / t_n]$ bezeichnen wir das gleichzeitige Ersetzen aller Vorkommen der Variablen $X_i$ in einer Programmklausel durch Terme $t_i$. Eine Substitution, die damit Terme gleichmacht, bezeichnen wir als *unifizierende Substitution* oder *Unifikation.*

Wir erläutern den Vorgang der Substitution/Unifikation mit einem sehr einfachen PROLOG-Programm, welches das einführende Beispiel dieses Kapitels wieder aufgreift:

(1) sterblich(X) :- mensch(X).

(2) mensch(sokrates).

Die Übersetzung in Umgangssprache dieser zwei PROLOG-Programmklauseln ist:

„Jeder ist sterblich, sofern er ein Mensch ist".

„Sokrates ist ein Mensch".

Einfache Anfragen an diese „Wissensbasis" lassen sich genauso wie in der Aussagenlogik ohne Substitution von Variablen lösen. So etwa die Klärung der Frage „Ist Sokrates ein Mensch?". Sie wird in PROLOG wie folgt formuliert:

?- mensch(sokrates).

Hierzu findet sich unmittelbar in Zeile (2) des PROLOG-Programms ein Faktum, das sowohl vom Prädikat als auch von der Individuenkonstante passt. In einem Schritt kann nun die leere Klausel hergeleitet werden. Ist dies der Fall, so antwortet der PROLOG-Interpreter mit einem „Yes", wenn nicht, so lautet die Antwort „No". Der Programmablauf sieht also wie folgt aus:

?- mensch(sokrates).

Yes

Bei komplexeren Anfragen sieht dies schon anders aus. So könnte etwa eine Anfrage an das Programm lauten: „Wer ist ein Mensch?". In PROLOG formuliert sieht diese Anfrage wie folgt aus:

?- mensch(Wer).

Wie schon erwähnt, steht der Sachverhalt, dass „Wer" großgeschrieben wurde dafür, dass es sich hierbei um eine Variable handelt. Im Laufe der Resolutionsschritte wird nach dem ersten passenden Prädikat für „mensch(...)" gesucht. Dieses findet man in Zeile (2) des PROLOG-Programms. Die Resolution ist jedoch nur dann möglich, wenn man die Variable „Wer" durch die Konstante „sokrates" ersetzt. Es erfolgt also die Substitution [Wer / sokrates]. Die Anfrage ?-mensch(Wer) kann durch die Substitution [Wer / sokrates] mit mensch(sokrates) unifiziert werden. Die Reaktion des PROLOG-Interpreters auf die Anfrage

?- mensch(Wer).

ist somit

Wer = sokrates

Nun können wir die Frage „Wer ist sterblich?“ angehen:

?- sterblich(Wer).

Der Programmablauf hierzu ist wie folgt:

?- sterblich(Wer).

:- sterblich(X) mit Substitution [Wer / X]

:- mensch(X).

:- mensch(sokrates) mit Substitution [X / sokrates]

Die Antwort des Programms resultiert aus der Auflösung der Substitutionskette [Wer = X = sokrates] und lautet also

Wer = sokrates

Im Gegensatz zur Aussagenlogik ist der Ablauf der Resolution durch die Verwendung der Individuenvariablen und –konstanten nun etwas komplizierter geworden. Wie wir oben gesehen haben ist die Resolution nur dann erfolgreich, wenn kompatible Ausdrücke gefunden werden. Die Kompatibilität kann zum einen dadurch hergestellt werden, dass wie oben eine Konstante in eine Variable eingesetzt wird. Andererseits können auch unterschiedliche Variablenbezeichnungen vorkommen, welche dann durch Substitution vereinheitlicht werden. Es kann auch vorkommen, dass eine Variable durch einen komplexeren Ausdruck wie etwa einen Funktor substituiert werden muss. All diese Substitutionen müssen dann für alle Vorkommen dieser Variablen in der entsprechenden Programmklausel durchgeführt werden.

**Beispiel**

Gegeben sei das folgende PROLOG-Fragment:

(1) schneller(X, Y) :- stärker(X,Y).

(2) stärker(golf, polo).

(3) stärker(porsche, golf).

Wir formulieren die Anfrage an das Programm:

?-schneller(golf, polo).

Das PROLOG-Programm sucht nun nach einem Klauselkopf, der zu schneller(golf, polo) passt, findet diesen aber nicht direkt, sondern nur den Klauselkopf schneller(X, Y). Durch die Substitution [X / golf, Y / polo] können die Terme schneller(golf, polo) und schneller(X, Y) jedoch unifiziert werden. Die Substitution muss sich jedoch über alle Vorkommen der Variablen X und Y fortsetzen. Also bleibt als Resolvente oben nicht etwa „:- stärker(X, Y)“, sondern „:- stärker(golf, polo)“. Hierfür gibt es das Faktum stärker(golf, polo), so dass im nächsten Schritt die leere Klausel hergeleitet werden kann.

### Erzwungenes Backtracking

Im vorigen Abschnitt wurde schon erläutert, dass bei der Suche nach passenden Literalen für die Resolution die Programmklauseln linear von oben nach unten durchlaufen werden. Es wird die erste passende Programmklausel eingesetzt, welche einen Resolutionsschritt ermöglicht. Wenn dieses Verfahren in eine Sackgasse führt, springt der PROLOG-Interpreter zur letzten Stelle zurück, an der eine andere Klausel hätte gewählt werden können. Der PROLOG-Programmablauf stoppt, wenn eine richtige Lösung zu einer Fragestellung gefunden wurde. Da es aber noch weitere Lösungen geben kann, kann das Backtracking auch erzwungen werden. Dies erfolgt durch die Eingabe des Semikolons „ ; “ nach jeder richtigen Antwort des PROLOG-Interpreters. Man kann dies solange fortsetzen, bis die Antwort „No“ ausgegeben wird.

### Beispiel

Wir fügen in unserer Wissensbasis weitere Menschen ein:

(1) sterblich(X) :- mensch(X).

(2) mensch(sokrates).

(3) mensch(aristoteles).

(4) mensch(platon).

Wir stellen jetzt die Anfrage an das PROLOG-Programm „Wer ist sterblich?“:

?- sterblich(Wer).

Die erste Ausgabe des Interpreters lautet:

Wer = sokrates;

Geben wir nun wie oben das Semikolon nach jeder Antwort des Interpreters ein, so bekommen wir folgende Ausgabe:

Wer = aristoteles;

Wer = platon;

No

Der gesamte Prozess von Resolution und Unifikation soll noch einmal mit dem folgenden PROLOG-Programm beispielhaft erläutert werden:

**Beispiel**

(1) p(a, b).

(2) r(X, Y) :- p(X,Z), q(Z,Y).

(3) q(a, b).

(4) q(b, b).

Eine einfache Anfrage an das Programm wäre:

?- p(a, b).

p(a, b) findet sich in Zeile (1), hiermit kann sofort die leere Klausel hergeleitet werden.

Die Antwort des Interpreters ist somit:

Yes

Anfrage mit einer Variablen:

?- p(a, Was).

In Zeile (1) findet sich mit p(a, b) zwar ein Prädikat für p, eine Resolvente kann jedoch nur mit der Substitution [Was / b] gebildet werden. Damit kann die leere Klausel hergeleitet werden. Die Antwort des Interpreters ist somit:

Was = b

Komplexere Anfrage mit zwei Variablen:

?- r(Wer, Was).

In Zeile (2) findet sich die erste Klausel für r. Nach dem Substitutionsschritt:

[Wer / X, Was / Y]

kann die folgende Resolvente gebildet werden:

:- p(X, Z), q(Z, Y) mit Substitution [Wer / X, Was / Y]

In Zeile (1) findet sich eine Klausel für p mit Substitution [X / a, Z / b]; es ergibt sich folgende Resolvente:

:- q(b, Y)

Nun finden wir in Zeile (3) eine Klausel für q. Diese kann jedoch nicht verwendet werden, weil q(a, b) nicht zu q(b, Y) passt. Mit Zeile (4) ist eine Resolution unter Verwendung der Substitution [Y / b] möglich. Die leere Klausel kann hergeleitet werden. Die Antwort des Interpreters ist somit:

Wer = a (Auflösung der Substitutionskette [Wer / X / a])

Was = b (Auflösung der Substitutionskette [Was / Y / b])

Weitere Lösungen gibt es nicht. Dies kann durch Eingabe des Semikolons, d.h. durch das Erzwingen des Backtracking, gezeigt werden. Stattdessen kommt hier die Ausgabe „No".

## 5.3 Aufgaben zu Kapitel 5

**Aufgabe 5.1**

Formen Sie die folgenden Formeln in eine konjunktive Normalform um. Besteht diese nur aus Hornklauseln?

a) $f(a, b) = ab \vee a\neg b$

b) $f(a, b, c) = ab \leftrightarrow c$

**Aufgabe 5.2**

Formulieren Sie folgende Aussagen als prädikatenlogische Ausdrücke:

a) Cabriofahrer, die jünger als 25 Jahre sind, sind Angeber und leichtsinnig.

b) Der Vater des Vaters einer Person ist der Opa dieser Person.

c) Alle Primzahlen, die größer als zwei sind, sind ungerade.

d) Eine natürliche Zahl ist durch 3 teilbar genau dann, wenn ihre Quersumme durch 3 teilbar ist.

e) Eine Primzahl ist nur durch 1 oder sich selbst teilbar.

**Aufgabe 5.3**

Übersetzen Sie folgende Formulierungen in PROLOG:

a) Der Vater des Vaters einer Person ist der Opa dieser Person. Hinweis: Verwenden Sie ausschließlich die zwei Prädikate vater(...) und opa(...).

b) Alle Studenten, die Informatik oder Wirtschaftsinformatik studieren, sind fleißig.

**Aufgabe 5.4**

Gegeben sei folgendes PROLOG-Programm:

(1) a :- c, b.

(2) b.

(3) c :- f.

(4) c :- d.

(5) d.

Ermitteln Sie alle Ausgaben eines PROLOG-Interpreters (inkl. erzwungenem Backtracking) für die folgenden Anfragen:

?-b.

?-a.

?-f.

**Aufgabe 5.5**

Gegeben sei das folgende PROLOG-Programm:

(1) p(gelb).

(2) p(gruen).

(3) h(X,Y) :- q(X,Z,X), r(Y).

(4) h(X,Y) :- r(X), s(Y).

(5) r(gelb).

(6) q(X,Y,Z) :- p(X), s(Y), r(Z).

(7) s(rot).

Ermitteln Sie alle Ausgaben eines PROLOG-Interpreters (inkl. erzwungenem Backtracking) für die folgenden Anfragen:

a) ?-p(Farbe).

b) ?-h(gelb, Farbe2).

c) ?-h(Farbe, Farbe).

d) ?-h(Farbe1, Farbe2).

**Aufgabe 5.6**

Programmieren Sie folgenden Sachverhalt in PROLOG und beantworten Sie mit dem Programm die Frage: „Wer heiratet Wen"?

*„Peter, Kevin und Tobias sind Studenten. Ines und Gabi sind Krankenschwestern und haben blonde Haare. Petra ist auch Krankenschwester, hat aber schwarze Haare. Petra, Ines und Kevin sind sportlich. Alle sportlichen Studenten fahren Snowboard. Krankenschwestern lieben Snowboardfahrer. Sportliche Studenten lieben aber nur Krankenschwestern mit blonden Haaren, die ebenfalls sportlich sind. Zwei, die sich lieben, heiraten".*

# 6 Lösungen zu den Aufgaben

## 6.1 Lösungen zu Kapitel 2

**Lösung zu Aufgabe 2.1**

Welche der folgenden Sätze sind Aussagen?

a) Guten Tag!

   Ist keine Aussage, sondern ein lobenswerter Wunsch.

b) $3 + 4 = 10$.

   Ist eine Aussage. Ihr kann eindeutig der Wahrheitswert „f" zugeordnet werden.

c) Logik und Algebra ist schwer zu verstehen.

   Ist keine Aussage, da es sich um eine subjektive Einschätzung handelt, welche, je nach Betrachter, unterschiedlich ausfallen kann.

d) Die nächste Bundestagswahl bringt einen Regierungswechsel.

Ist keine Aussage. Die Wahrheitswerte „w" oder „f" lassen sich erst im Nachhinein zuordnen.

**Lösung zu Aufgabe 2.2**

a) Der Satz: „Am Dienstag fahren wir zu unserer Tante und, wenn sie nicht im Garten arbeitet, gehen wir ins Kino oder machen einen Spaziergang", besteht aus folgenden aussagenlogisch nicht weiter zerlegbaren Einzelsätzen:

   (a) Es ist Dienstag

   (b) Wir fahren zu unserer Tante

   (c) Die Tante arbeitet im Garten

   (d) Wir gehen ins Kino

   (e) Wir machen einen Spaziergang

b) Verknüpfung und Verklammerung zwischen den Einzelsätzen:

$$a \to (b \wedge (\neg c \to ((d \wedge \neg e) \vee (\neg d \wedge e))))$$

Anmerkung: $(d \wedge \neg e) \vee (\neg d \wedge e)$ ist die Auflösung des umgangssprachlichen „oder“ in das „entweder … oder“, welches der Aussage unterstellt wird. Sie hätte somit präziser lauten sollen: „Am Dienstag fahren wir zu unserer Tante und, wenn sie nicht im Garten arbeitet, gehen wir *entweder* ins Kino oder machen einen Spaziergang“.

**Lösung zu Aufgabe 2.3**

Die Behauptung war:

$(a \leftrightarrow b) \leftrightarrow (a \wedge b) \vee (\neg a \wedge \neg b)$ ist Tautologie

Der Beweis erfolgt durch Aufstellen der Wahrheitstabelle.

| **a** | **b** | **$(a \leftrightarrow b)$** | **$a \wedge b$** | **$\neg a$** | **$\neg b$** | **$\neg a \wedge \neg b$** | **$(a \wedge b) \vee (\neg a \wedge \neg b)$** |
|---|---|---|---|---|---|---|---|
| f | f | w | f | w | w | w | w |
| f | w | f | f | w | f | f | f |
| w | f | f | f | f | w | f | f |
| w | w | w | w | f | f | f | w |

Die grau unterlegten Spalten erweisen sich als identisch. Hiermit ist die Tautologie bewiesen.

**Lösung zu Aufgabe 2.4**

Der Ausdruck $f(a, b, c, d) = \neg(\neg(ab\neg(cd)) \vee d)$ lässt sich wie folgt in eine DN umwandeln:

$f(a, b, c, d) = \neg(\neg(ab\neg(cd)) \vee d)$

$\neg(\neg(ab\neg(cd)) \vee d) =$

$(ab\neg(cd))\neg d =$

$(ab(\neg c \vee \neg d))\neg d =$

$ab\neg c\neg d \vee ab\neg d$ ist DN

**Lösung zu Aufgabe 2.5**

$f(a, b) = \neg(a\neg b)\ (a\neg b \vee \neg a)$

$(\neg a \vee b)\ (a\neg b \vee \neg a) =$

~~$\neg aa\neg b$~~ $\vee \neg a\neg a \vee$ ~~$ba\neg b$~~ $\vee b\neg a =$

¬a ∨ ¬ab =

¬a(b ∨ ¬b) ∨ ¬ab =

¬ab ∨ ¬a¬b ∨ ~~¬ab~~ =

| | |
|---|---|
| ¬ab ∨ | ¬a¬b |
| 01 | 00 |

Umsortiert:

| | |
|---|---|
| ¬a¬b ∨ | ¬ab |
| 00 | 01 |

g(a, b, c) = ¬(a ∨ b) ∨ c

¬a¬b ∨ c =

¬a¬b(c ∨ ¬c) ∨ c(a ∨ ¬a)

¬a¬bc ∨ ¬a¬b¬c ∨ ac ∨ ¬ac

¬a¬bc ∨ ¬a¬b¬c ∨ ac(b ∨ ¬b) ∨ ¬ac(b ∨ ¬b)

¬a¬bc ∨ ¬a¬b¬c ∨ abc ∨ a¬bc ∨ ¬abc ∨ ~~¬a¬bc~~

| | | | | |
|---|---|---|---|---|
| ¬a¬bc ∨ | ¬a¬b¬c ∨ | abc ∨ | a¬bc ∨ | ¬abc |
| 001 | 000 | 111 | 101 | 011 |

Umsortiert:

| | | | | |
|---|---|---|---|---|
| ¬a¬b¬c ∨ | ¬a¬bc ∨ | ¬abc ∨ | a¬bc ∨ | abc |
| 000 | 001 | 011 | 101 | 111 |

**Lösung zu Aufgabe 2.6**

Wir erstellen zu den Ausdrücken die Wahrheitstabellen:

f(a) = (a → (¬a ∧ a)) ↔ a

| a | ¬a | ¬a ∧ a | a → (¬a ∧ a)) | ( a → (¬a ∧ a)) ↔ a |
|---|---|---|---|---|
| f | w | f | w | f |
| w | f | f | f | f |

f(a) wird für keine Variablenbelegung wahr. Die Formel ist widerspruchsvoll.

g(a, b) = ¬(¬(a ∧ b) ∨ ((¬a → b) ↔ ¬b)) ∨ b

| a | b | $\neg(a \wedge b)$ | $\neg a$ | $\neg a \rightarrow b$ | $\neg b$ | $(\neg a \rightarrow b) \leftrightarrow \neg b$ = B | $\neg(a \wedge b) \vee B$ = A | $\neg A$ | $\neg A \vee b$ |
|---|---|---|---|---|---|---|---|---|---|
| f | f | w | w | f | w | f | w | f | f |
| f | w | w | w | w | f | f | w | f | w |
| w | f | w | f | w | w | w | w | f | f |
| w | w | f | f | w | f | f | f | w | w |

Für b = w wird g(a, b) = wahr.

**Lösung zu Aufgabe 2.7**

$f(a, b, c, d) = (a \rightarrow b) \vee ((c \wedge d) \rightarrow a)$

$(a \rightarrow b) \vee ((c \wedge d) \rightarrow a) =$

$(\neg a \vee b) \vee (\neg(c \wedge d) \vee a) =$

$(\neg a \vee b) \vee (\neg c \vee \neg d \vee a) =$

$\neg a \vee a \vee b \vee \neg c \vee \neg d$

ist wegen $\neg a \vee a$ und dem ausschließlichen Vorkommen von Disjunktionen immer wahr, also Tautologie.

$g(a, b, c) = \neg(a \rightarrow \neg b) \wedge \neg(c \rightarrow a)$

$\neg(a \rightarrow \neg b) \wedge \neg(c \rightarrow a) =$

$\neg(\neg a \vee \neg b) \wedge \neg(\neg c \vee a) =$

$abc\neg a =$

$\neg aabc$

ist wegen $\neg aa$ und dem ausschließlichen Vorkommen von Konjunktionen immer falsch, also widerspruchsvoll.

**Lösung zu Aufgabe 2.8**

Mit *If x and not(y) then* ... soll der logische Ausdruck $f(x, y) = (x \wedge \neg y)$ implementiert werden. Dies kann auch ohne $\wedge$ mithilfe der Operatoren $\vee$ und $\neg$ getan werden. Die Umformung auf Basis der DeMorganschen Regel geht wie folgt:

$(x \wedge \neg y) =$

$\neg\neg(x \wedge \neg y) =$

$\neg(\neg x \vee y)$

Somit kann der Programmierer schreiben: *If not(not(x) or y) then ...*

**Lösung zu Aufgabe 2.9**

Der Term lautet:

$$f(v, m, u, k) = (v \rightarrow m) \wedge (u \vee k) \wedge (m \rightarrow \neg k) \wedge (u \rightarrow (k \wedge v))$$

Zunächst sind die Implikationspfeile aufzulösen:

$$f(v, m, u, k) = (\neg v \vee m)(u \vee k)( \neg m \vee \neg k)( \neg u \vee kv)$$

$(\neg vu \vee \neg vk \vee mu \vee mk)(\neg m\neg u \vee \neg mkv \vee \neg k\neg u \vee$ ~~$\neg kkv$~~$)$

$$(\neg vu \vee mu \vee \neg vk \vee mk)(\neg m\neg u \vee \neg k\neg u \vee \neg mkv)$$

$$\neg vu\neg m\neg u \vee mu\neg m\neg u \vee \neg vk\neg m\neg u \vee mk\neg m\neg u \vee \neg vu\neg k\neg u \vee mu\neg k\neg u \vee \neg vk\neg k\neg u \vee mk\neg k\neg u \vee \neg vu\neg mkv \vee mu\neg mkv \vee \neg vk\neg mkv \vee mk\neg mkv$$

Alle Terme bis auf einen fallen weg, es bleibt:

$$f(v, m, u, k) = \neg vk\neg m\neg u$$

Durch genaue Betrachtung des einzigen Minterms in der kDN ist der Mordfall sofort zu lösen. Nur für die Belegung (v, m, u, k) = (f, w, f, f) kann der Ausdruck wahr gemacht werden. Also ist klar, dass die Aussage „Kay war am Tatort“ wahr ist und somit Kay der Täter sein muss!

**Lösung zu Aufgabe 2.10**

Gegeben ist die Klauselmenge:

$$\{\{a, b, c\}, \{\neg b, d\}, \{\neg a, d\}, \{\neg c, d\}\}$$

Wir verkürzen mithilfe der Resolution wie folgt:

$$res\{\{a, b, c\}, \{\neg b, d\}\} = \{a, c, d\}$$

$$res\{\{a, c, d\}, \{\neg a, d\}\} = \{c, d\}$$

$$res\{\{c, d\}, \{\neg c, d\}\} = \{d\}$$

**Lösung zu Aufgabe 2.11**

Die Behauptung war:

$$\{a \rightarrow (\neg c \vee b), \neg b \rightarrow c, \neg b\} \vDash \neg a$$

Der Beweis erfolgt durch Hinzunahme der Negation der Anfrage zur Klauselmenge und Umformung in Klauselform:

$$\{a \rightarrow (\neg c \vee b), \neg b \rightarrow c, \neg b, a\} =$$

$$\{(\neg a \vee b \vee \neg c), (b \vee c), \neg b, a\} =$$

Mengendarstellung

$\{\{\neg a, \neg c, b\}, \{b, c\}, \{\neg b\}, \{a\}\}$

Resolution

$res(\{\neg a, \neg c, b\}, \{b, c\}) = \{\neg a, b\}$

$res(\{\neg a, b\}, \{\neg b\}) = \{\neg a\}$

$res(\{\neg a\}, \{a\}) = \square$

Die Behauptung $\{a \to (\neg c \vee b), \neg b \to c, \neg b\} \vDash \neg a$ ist somit bewiesen.

## 6.2 Lösungen zu Kapitel 3

**Lösung zu Aufgabe 3.1**

Die Mengen lauteten:

$A_1 = \{1, 2, 4, 6\}$, $A_2 = \{2, 3, 4, 6, 8\}$, $A_3 = \{\text{rot, grün, blau}\}$

Lösung zu a):

$A_1 \cap A_2 = \{2, 4, 6\}$

$A_1 \cup A_2 = \{1, 2, 3, 4, 6, 8\}$

$A_1 \setminus A_2 = \{1\}$

$A_2 \setminus A_1 = \{3, 8\}$

Lösung zu b):

$A_1 \cap A_3 = \{\}$

$A_1 \cup A_3 = \{1, 2, 4, 6, \text{rot, grün, blau}\}$

$A_1 \setminus A_3 = \{1, 2, 4, 6\}$

$A_3 \setminus A_1 = \{\text{rot, grün, blau}\}$

Lösung zu c):

$A_1 \times A_3 = \{(1, \text{rot}), (2, \text{rot}), (4, \text{rot}), (6, \text{rot}), (1, \text{grün}), (2, \text{grün}), (4, \text{grün}), (6, \text{grün}), (1, \text{blau}), (2, \text{blau}), (4, \text{blau}), (6, \text{blau})\}$

**Lösung zu Aufgabe 3.2**

a) Zu $M = \{1, 2, 5\}$ lautet $\mathcal{P}(M) = \{\{\}, \{1\}, \{2\}, \{5\}, \{1, 2\}, \{1, 5\}, \{2, 5\}, \{1, 2, 5\}\}$

b) $R = \{(x, y) \mid (x, y) \in \mathcal{P}(M)^2 \wedge x \subset y\} = \{(\{\}, \{1\}), (\{\}, \{2\}), (\{\}, \{5\}), (\{\}, \{1, 2\}), (\{\}, \{1, 5\}), (\{\}, \{2, 5\}), (\{\}, \{1, 2, 5\}), (\{1\}, \{1, 2\}), (\{1\}, \{1, 5\}), (\{1\}, \{1, 2, 5\}), (\{2\}, \{1, 2\}), (\{2\}, \{2, 5\}), (\{2\}, \{1, 2, 5\}), (\{5\}, \{1, 5\}), (\{5\}, \{2, 5\}), (\{5\}, \{1, 2, 5\}), (\{1, 2\}, \{1, 2, 5\}), (\{1, 5\}, \{1, 2, 5\}), (\{2, 5\}, \{1, 2, 5\})\}$

**Lösung zu Aufgabe 3.3**

$M = \{x \mid x$ ist Einwohner von Stuttgart$\}$; $x, y \in M$

$R_1$ = x ist der Vater von y

$R_2$ = x rennt schneller als y

$R_3$ = x und y haben dieselbe Nationalität

$R_4$ = x ist verheiratet mit y

$R_5$ = x ist mit y befreundet

$R_6$ = x ist schöner als y

a) Es gelten folgende Eigenschaften:

| | **Bezeichnung** | **Bedeutung** | $R_1$ | $R_2$ | $R_3$ | $R_4$ | $R_5$ | $R_6$ |
|---|---|---|---|---|---|---|---|---|
| 1. | Reflexiv | $\forall x \in M$ gilt xRx | | | x | | (x) | |
| 2. | Irreflexiv | $\nexists x \in M$ mit xRx | x | x | | x | | x |
| 3. | Symmetrisch | $\forall x, y \in M$ gilt $xRy \rightarrow yRx$ | | | x | x | (x) | |
| 4. | Asymmetrisch | $\forall x, y \in M$ gilt $xRy \rightarrow \neg yRx$ | x | x | | | | x |
| 5. | Antisymmetrisch | $\forall x, y \in M$ gilt $xRy \wedge yRx \rightarrow x = y$ | | | | | | |
| 6. | Transitiv | $\forall x, y, z \in M$ gilt: $xRy \wedge yRz \rightarrow xRz$ | | x | x | | | |
| 7. | Linear | $\forall x, y \in M$ gilt: $xRy \vee yRx$ | | | | | | |
| 8. | Konnex | $\forall x, y \in M$ gilt: $x \neq y \rightarrow xRy \vee yRx$ | | | | | | |

Zu $R_5$: Die Relation ist nur bei psychisch stabilen Personen als reflexiv zu betrachten. Bei einer „echten“ Freundschaft sollte auch die Symmetrieeigenschaft als gültig angenommen werden. Hierüber kann man jedoch geteilter Meinung sein.

Zu $R_6$: Es geht hier generell um sehr subjektive Einschätzungen, deswegen kann bezüglich bestimmter Eigenschaften keine Aussage gemacht werden.

b) $R_3$ ist Äquivalenzrelation (reflexiv, symmetrisch und transitiv).

$R_3$ ist reflexive Quasiordnung (reflexiv, transitiv).

Anmerkung: Jede Äquivalenzrelation ist auch eine reflexive Quasiordnung

$R_2$ ist eine irreflexive Quasiordnung (irreflexiv, transitiv).

$R_2$ ist eine irreflexive Halbordnung (irreflexiv, transitiv, asymmetrisch).

Anmerkung: Jede irreflexive Quasiordnung ist immer auch asymmetrisch und damit eine irreflexive Halbordnung.

**Lösung zu Aufgabe 3.4**

Gegeben sei die folgende Funktion

$f: \mathbb{R} \rightarrow \mathbb{R}, f(x) = x^3.$

Ist diese Funktion injektiv, surjektiv, bijektiv?

Durch Betrachtung des Graphen von f wird klar, dass die Funktion folgende Eigenschaften erfüllt: Sie ist injektiv, da es zu verschiedenen Bildern immer verschiedene Urbilder gibt. Sie ist surjektiv, da es zum kompletten Bildbereich Urbilder gibt. Somit ist sie auch bijektiv.

**Lösung zu Aufgabe 3.5**

Gegeben ist eine Funktion auf Basis der modulo-Division:

$f: \mathbb{N}_0 \rightarrow \{0, 1, 2, 3, 4\}; f(x) = x \bmod 5$

Ist diese Funktion injektiv, surjektiv bzw. bijektiv?

Die Funktion ist nicht injektiv, da z.B. $f(23) = 23 \bmod 5 = 3$ und $f(8) = 8 \bmod 5 = 3$, aber $23 \neq 8$. Da sie nicht injektiv ist, kann sie auch nicht bijektiv sein.

Die Funktion ist surjektiv, da das Erreichen des gesamten Wertebereichs $W = \{0, 1, 2, 3, 4\}$ leicht durch Einsetzen der Zahlen $\{5, \ldots, 9\}$ in f(x) verifiziert werden kann.

**Lösung zu Aufgabe 3.6**

Es waren die folgenden Relationen $r_i$ gegeben:

| $r_1$ | a | b | c |
|---|---|---|---|
| | 1 | 1 | 1 |
| | 1 | 2 | 2 |
| | 2 | 0 | 2 |

| $r_2$ | c | d | e |
|---|---|---|---|
| | 1 | 1 | 0 |
| | 0 | 1 | 1 |
| | 2 | 1 | 0 |
| | 2 | 2 | 1 |

| $r_3$ | b | c | d |
|---|---|---|---|
| | 1 | 1 | 2 |
| | 1 | 2 | 3 |
| | 2 | 2 | 1 |
| | 2 | 2 | 3 |

a) $\Pi_{ab}(\sigma_{(c>1)}(r_1 \bowtie r_3))$

Zunächst ist die Join-Operation $r_1 \bowtie r_3$ auszuführen

| $r_1 \bowtie r_3$ | a | b | c | d |
|---|---|---|---|---|
| | 1 | 1 | 1 | 2 |
| | 1 | 2 | 2 | 1 |
| | 1 | 2 | 2 | 3 |

$\sigma_{(c>1))}(r_1 \bowtie r_3)$ ergibt

| $\sigma_{(c>1)}(r_1 \bowtie r_3)$ | a | b | c | d |
|---|---|---|---|---|
| | 1 | 2 | 2 | 1 |
| | 1 | 2 | 2 | 3 |

$\Pi_{ab}(\sigma_{(c>1)}(r_1 \bowtie r_3))$ (Duplikate entfallen!)

| $\Pi_{ab}(\sigma_{(c>1)}(r_1 \bowtie r_3))$ | a | b |
|---|---|---|
| | 1 | 2 |

b) $(\Pi_{bc}(r_3)) \bowtie r_2)$

Wir bilden zunächst $\Pi_{bc}(r_3)$

| $(\Pi_{bc}(r_3))$ | b | c |
|---|---|---|
| | 1 | 1 |
| | 1 | 2 |
| | 2 | 2 |

Und nun folgt der Join mit $r_2$

| $(\Pi_{bc}(r_3)) \bowtie r_2)$ | b | c | d | e |
|---|---|---|---|---|
| | 1 | 1 | 1 | 0 |
| | 1 | 2 | 1 | 0 |
| | 1 | 2 | 2 | 1 |
| | 2 | 2 | 1 | 0 |
| | 2 | 2 | 2 | 1 |

c) $r_1 \bowtie r_2 \bowtie r_3$

Wir bilden zunächst $r_1 \bowtie r_2$

| $r_1 \bowtie r_2$ | a | b | c | d | e |
|---|---|---|---|---|---|
| | 1 | 1 | 1 | 1 | 0 |
| | 1 | 2 | 2 | 1 | 0 |
| | 1 | 2 | 2 | 2 | 1 |
| | 2 | 0 | 2 | 1 | 0 |
| | 2 | 0 | 2 | 2 | 1 |

Nun $r_1 \bowtie r_2 \bowtie r_3$

| $r_1 \bowtie r_2 \bowtie r_3$ | a | b | c | d | e |
|---|---|---|---|---|---|
| | 1 | 2 | 2 | 1 | 0 |

Anmerkung: Die Join-Operation ist kommutativ und assoziativ. Die obige Vorgehensweise ist somit von der Reihenfolge her nicht zwingend.

**Lösung zu Aufgabe 3.7**

Der Auszug aus der Kundendatei war:

| KNR | Vorname | Nachname | PLZ | Wohnort | Straße | Hausnummer |
|---|---|---|---|---|---|---|
| 1236 | Peter | Müller | 70173 | Stuttgart | Turnseestr. | 12 |
| 1269 | Alfons | Meier | 10115 | Berlin | Waldstr. | 15 |
| 3452 | Rudi | Walther | 30966 | Hannover | Hochstr | 16 |
| 5436 | Erika | Danner | 10115 | Berlin | Wannseestr. | 234 |
| 7658 | Peter | Müller | 10115 | Berlin | Hochstr | 12 |
| 2493 | Peter | Unger | 70173 | Stuttgart | Waldstr. | 15 |

Es gelten in der Tabelle folgende funktionale Abhängigkeiten:

| Gilt in obiger Tabelle | Sollte diese Abhängigkeit immer gelten? |
|---|---|
| KNR → Vorname<br>KNR → Nachname<br>KNR → PLZ<br>KNR → Wohnort<br>KNR → Straße<br>KNR → Hausnummer | Muss immer gelten, weil die KNR einen Kunden eindeutig identifizieren muss. |
| PLZ → Wohnort | Gilt in Deutschland immer. |
| Wohnort → PLZ | Gilt nicht generell, da größere Städte in Deutschland in mehrere PLZ-Bezirke unterteilt sind. |
| Nachname → Vorname | Reiner Zufall, in diesem Fall dadurch bedingt, dass zufällig zwei unterschiedliche Müller existieren, die denselben Vornamen haben. Als Forderung an die Relation unsinnig. |
| Nachname → Hausnummer | Reiner Zufall. Als Forderung an die Relation unsinnig. |

# 6.3 Lösungen zu Kapitel 4

**Lösung zu Aufgabe 4.1**

Wegen dem Dualitätssatz genügt zu zeigen:

$\forall a \in M: \quad a \otimes a = a$

Es gilt:

$a \otimes 1 = a$ (Neutrales Element bzgl. $\otimes$)

a ⊗ (a ⊕ ~a) = a (Inverses Element bzgl. ⊕: a ⊕ ~a = 1)

(a ⊗ a) ⊕ (a ⊗ ~a) = a (Distributivgesetz)

(a ⊗ a) ⊕ 0 = a (Inverses Element bzgl. ⊗: a ⊗ ~a = 0)

a ⊗ a = a q.e.d. (Neutrales Element bzgl. ⊕; x ⊕ 0 = x mit x = a ⊗ a)

**Lösung zu Aufgabe 4.2**

Der Term lautete:

f(a, b, c) = a'b'c' ∨ a'b'c ∨ a'bc' ∨ ab'c' ∨ ab'c ∨ abc

Wir setzen die Terme in Dualzahlen um und berechnen deren Dezimalwerte. Die Anzahl der Negationen bestimmt die Klasseneinteilung.

| Minterm | Dual | Dezimal | Anzahl der Negationen = Klasse |
|---|---|---|---|
| a'b'c' | 000 | 0 | 3 |
| a'b'c | 001 | 1 | 2 |
| a'bc' | 010 | 2 | 2 |
| ab'c' | 100 | 4 | 2 |
| ab'c | 101 | 5 | 1 |
| abc | 111 | 7 | 0 |

Dies ergibt die folgende Tabelle und Verkürzungsmöglichkeiten

| Klasse | Minterm | Neue Klasse | Verkürzung | Neue Klasse | Verkürzung |
|---|---|---|---|---|---|
| $K_0$ | abc (7)* | $K_{0/1}$ | ac (7,5) | $K_{0/1/2}$ | - |
| $K_1$ | ab'c (5)* | $K_{1/2}$ | b'c (5,1)*<br>ab' (5,4)* | $K_{1/2/3}$ | b' (5,1),(4,0)<br>b' (5,4),(1,0) |
| $K_2$ | a'b'c (1)*<br>a'bc' (2)*<br>ab'c' (4)* | $K_{2/3}$ | a'b' (1,0)*<br>a'c' (2,0)<br>b'c' (4,0)* | | |
| $K_3$ | a'b'c' (0)* | | | | |

Es finden sich folgende Primimplikanten: ac, a'c', b'

| Minterm / Primimplikanten | a'b'c' 0 | a'b'c 1 | a'bc' 2 | ab'c' 4 | ab'c 5 | abc 7 |
|---|---|---|---|---|---|---|
| ac | | | | | x | x |
| a'c' | x | | x | | | |
| b' | x | x | | x | x | |

Es gibt keine unwesentlichen Primimplikanten, alle Minterme sind durch die wesentlichen Primimplikanten erfasst.

DM: f(a, b, c) = ac ∨ a'c' ∨ b'

**Lösung zu Aufgabe 4.3**

Ermitteln der disjunktiven Minimalform zu

f(a, b, c) = abc ∨ a'bc ∨ ab'c ∨ a'b'c ∨ ab'c' ∨ a'b'c'

111 011 101 001 100 000

Es ergibt sich folgendes KV-Diagramm, indem sich zwei 1-er Blöcke identifizieren lassen:

| b' | | a, b | | | |
|---|---|---|---|---|---|
| | | 00 | 01 | 11 | 10 |
| c | 0 | 1 | | | 1 |
| | 1 | 1 | 1 | 1 | 1 |

| c | | a, b | | | |
|---|---|---|---|---|---|
| | | 00 | 01 | 11 | 10 |
| c | 0 | 1 | | | 1 |
| | 1 | 1 | 1 | 1 | 1 |

Die DM lautet f(a, b, c) = b' ∨ c

**Lösung zu Aufgabe 4.4**

NAND „ | “ muss unter Rückgriff auf $V_1$ = {∧, '} und $V_2$ = {∨, '} ausgedrückt werden:

a' = (a ∧ a)' = a | a (Gilt für $V_1$ und $V_2$)

a ∧ b = (a ∧ b)'' = (a | b) | (a | b) (für $V_1$)

a ∨ b = (a ∨ b)'' = (a' ∧ b')' = (a | a) | (b | b) (für $V_2$)

**Lösung zu Aufgabe 4.5**

Schalttabelle der Siebensegmentanzeige für $S_1$, $S_2$ und $S_3$:

| Ziffer | a | b | c | d | $S_0$ | $S_1$ | $S_2$ | $S_3$ | $S_4$ | $S_5$ | $S_6$ |
|---|---|---|---|---|---|---|---|---|---|---|---|
| 0 | 0 | 0 | 0 | 0 | 1 | 1 | 0 | 1 | 1 | 1 | 1 |
| 1 | 0 | 0 | 0 | 1 | 0 | 0 | 0 | 1 | 0 | 0 | 1 |
| 2 | 0 | 0 | 1 | 0 | 1 | 0 | 1 | 1 | 1 | 1 | 0 |
| 3 | 0 | 0 | 1 | 1 | 1 | 0 | 1 | 1 | 0 | 1 | 1 |
| 4 | 0 | 1 | 0 | 0 | 0 | 1 | 1 | 1 | 0 | 0 | 1 |
| 5 | 0 | 1 | 0 | 1 | 1 | 1 | 1 | 0 | 0 | 1 | 1 |
| 6 | 0 | 1 | 1 | 0 | 1 | 1 | 1 | 0 | 1 | 1 | 1 |
| 7 | 0 | 1 | 1 | 1 | 1 | 0 | 0 | 1 | 0 | 0 | 1 |
| 8 | 1 | 0 | 0 | 0 | 1 | 1 | 1 | 1 | 1 | 1 | 1 |
| 9 | 1 | 0 | 0 | 1 | 1 | 1 | 1 | 1 | 0 | 1 | 1 |
| - | 1 | 0 | 1 | 0 | d | d | d | d | d | d | d |
| - | 1 | 0 | 1 | 1 | d | d | d | d | d | d | d |
| - | 1 | 1 | 0 | 0 | d | d | d | d | d | d | d |
| - | 1 | 1 | 0 | 1 | d | d | d | d | d | d | d |
| - | 1 | 1 | 1 | 0 | d | d | d | d | d | d | d |
| - | 1 | 1 | 1 | 1 | d | d | d | d | d | d | d |

**KV-Diagramm für $S_1$:**

| a | | a, b | | | |
|---|---|---|---|---|---|
| | | 00 | 01 | 11 | 10 |
| c, d | 00 | 1 | 1 | d | 1 |
| | 01 | | 1 | d | 1 |
| | 11 | | | d | d |
| | 10 | | 1 | d | d |

| bd’ | | a, b | | | |
|---|---|---|---|---|---|
| | | 00 | 01 | 11 | 10 |
| c, d | 00 | 1 | 1 | d | 1 |
| | 01 | | 1 | d | 1 |
| | 11 | | | d | d |
| | 10 | | 1 | d | d |

| bc’ | | a, b | | | |
|---|---|---|---|---|---|
| | | 00 | 01 | 11 | 10 |
| c, d | 00 | 1 | 1 | d | 1 |
| | 01 | | 1 | d | 1 |
| | 11 | | | d | d |
| | 10 | | 1 | d | d |

| c’d’ | | a, b | | | |
|---|---|---|---|---|---|
| | | 00 | 01 | 11 | 10 |
| c, d | 00 | 1 | 1 | d | 1 |
| | 01 | | 1 | d | 1 |
| | 11 | | | d | d |
| | 10 | | 1 | d | d |

Dies ergibt folgende DM:

$$f(a, b, c, d) = a \vee bd' \vee bc' \vee c'd'$$

**KV-Diagramm für $S_2$:**

| a | | a, b | | | |
|---|---|---|---|---|---|
| | | 00 | 01 | 11 | 10 |
| c, d | 00 | | 1 | d | 1 |
| | 01 | | 1 | d | 1 |
| | 11 | 1 | | d | d |
| | 10 | 1 | 1 | d | d |

| bc’ | | a, b | | | |
|---|---|---|---|---|---|
| | | 00 | 01 | 11 | 10 |
| c, d | 00 | | 1 | d | 1 |
| | 01 | | 1 | d | 1 |
| | 11 | 1 | | d | d |
| | 10 | 1 | 1 | d | d |

| b’c | | a, b | | | |
|---|---|---|---|---|---|
| | | 00 | 01 | 11 | 10 |
| c, d | 00 | | 1 | d | 1 |
| | 01 | | 1 | d | 1 |
| | 11 | 1 | | d | d |
| | 10 | 1 | 1 | d | d |

| bd’ | | a, b | | | |
|---|---|---|---|---|---|
| | | 00 | 01 | 11 | 10 |
| c, d | 00 | | 1 | d | 1 |
| | 01 | | 1 | d | 1 |
| | 11 | 1 | | d | d |
| | 10 | 1 | 1 | d | d |

Dies ergibt folgende DM:

$$f(a, b, c, d) = a \vee bc' \vee b'c \vee bd'$$

**KV-Diagramm für $S_3$:**

| b’ | | a, b | | | |
|---|---|---|---|---|---|
| | | 00 | 01 | 11 | 10 |
| c, d | 00 | 1 | 1 | d | 1 |
| | 01 | 1 | | d | 1 |
| | 11 | 1 | 1 | d | d |
| | 10 | 1 | | d | d |

| cd | | a, b | | | |
|---|---|---|---|---|---|
| | | 00 | 01 | 11 | 10 |
| c, d | 00 | 1 | 1 | d | 1 |
| | 01 | 1 | | d | 1 |
| | 11 | 1 | 1 | d | d |
| | 10 | 1 | | d | d |

| c’d’ | | a, b | | | |
|---|---|---|---|---|---|
| | | 00 | 01 | 11 | 10 |
| c, d | 00 | 1 | 1 | d | 1 |
| | 01 | 1 | | d | 1 |
| | 11 | 1 | 1 | d | d |
| | 10 | 1 | | d | d |

Dies ergibt folgende DM:

$$f(a, b, c, d) = b' \vee cd \vee c'd'$$

**Lösung zu Aufgabe 4.6**

a) Die Schaltfunktion kann aus dem Schaubild direkt abgelesen werden:

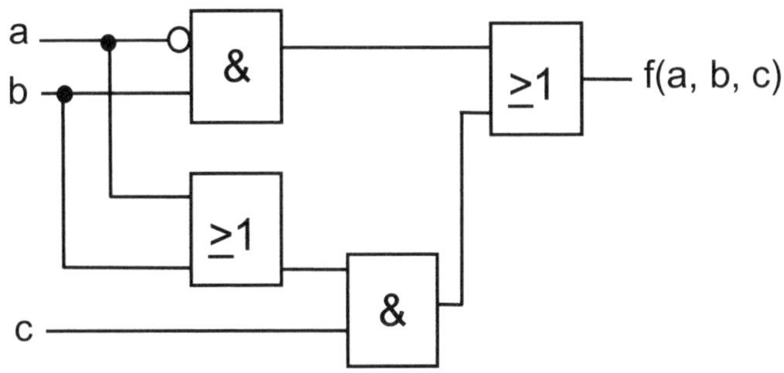


f(a, b, c) = a'b ∨ ((a ∨ b)c)

b) Umformung in die Verknüpfungsbasis NOR {↓}:

f(a, b, c) = a'b ∨ ((a ∨ b)c) =

a'b ∨ ac ∨ bc =

a'a ∨ a'b ∨ ac ∨ bc =

a'(a ∨ b) ∨ c(a ∨ b) =

(a' ∨ c)(a ∨ b) =

((a' ∨ c)(a ∨ b))'' =

((a' ∨ c)' ∨ (a ∨ b)')' =

(a' ↓ c) ↓ (a ↓ b) =

((a ↓ a) ↓ c) ↓ (a ↓ b)

**Lösung zu Aufgabe 4.7**

Die Tabelle für einen Schaltungsentwurf lautet:

| a | b | c | f(a, b, c) |
|---|---|---|---|
| 0 | 0 | 0 | 0 |
| 0 | 0 | 1 | 0 |
| 0 | 1 | 0 | 0 |
| 0 | 1 | 1 | 1 |
| 1 | 0 | 0 | 0 |
| 1 | 0 | 1 | 0 |
| 1 | 1 | 0 | 1 |
| 1 | 1 | 1 | 1 |

kKN und kDN können aus der obigen Tabelle abgelesen werden:

a) kKN: $f_{kKN}(a, b, c) = (a \vee b \vee c)(a \vee b \vee c')(a \vee b' \vee c)(a' \vee b \vee c)(a' \vee b \vee c')$

b) kDN: $f_{kDN}(a, b, c) = a'bc \vee abc' \vee abc$

c) KV-Diagramm

| ab | | a, b | | | |
|---|---|---|---|---|---|
| | | 00 | 01 | 11 | 10 |
| c | 0 | | | 1 | |
| | 1 | | 1 | 1 | |

| bc | | a, b | | | |
|---|---|---|---|---|---|
| | | 00 | 01 | 11 | 10 |
| c | 0 | | | 1 | |
| | 1 | | 1 | 1 | |

als DM ergibt sich: $f_{DM}(a, b, c) = ab \vee bc$

Dieser Term lässt sich durch Ausklammern von b noch um ein Gatter minimieren:

$f_{min}(a, b, c) = b(a \vee c)$

**Lösung zu Aufgabe 4.8**

Betrachten wir zunächst die Eingangssignale:

A = 1 Kopierer an; A = 0 Kopierer aus.

T = 1 Toner voll; T = 0 Toner leer.

$S_i = 1$ Papierstau an Stelle $S_i$; $S_i = 0$ kein Papierstau an Stelle $S_i$.

P = 1 Papierfach voll; P = 0 Papierfach leer.

M = 1 Manuelle Papierzufuhr zu; M = 0 Manuelle Papierzufuhr offen.

Es ist die folgende Funktion zu entwickeln: S = f(A, T, $S_1$, $S_2$, $S_3$, $S_4$, P, M). Die Bedingungen lassen sich aus der Aufgabenformulierung direkt ablesen:

*Bei der Entwicklung eines Kopierers ist eine Schaltung zu entwerfen, welche die Kopierfunktion blockiert und die Störungslampe aufleuchten lässt (S = 1) wenn der Kopierer angeschaltet ist (A = 1) und einer der folgenden Fälle auftritt:*

1. *Der Toner ist leer (T = 0).*
2. *Es wird ein Papierstau an den Stellen $S_1$, ..., $S_4$ gemeldet ($S_i$ = 1).*
3. *Entweder das Papierfach ist leer (P = 0) und die Klappe für manueller Papierzufuhr ist zu (M = 1) oder es liegt Papier im Fach und die Klappe für manuelle Papierzufuhr ist gleichzeitig offen.*

Anmerkung zu Bedingung 3: Hier ist ein XOR versteckt. Es gilt nämlich, dass sich manuelle Papierzufuhr (M) und Papier im Papierbehälter (P) gegenseitig ausschließen!

Als Lösung ergibt sich somit:

$$f(A, T, S_1, S_2, S_3, S_4, P, M) = A(T' \vee S_1 \vee S_2 \vee S_3 \vee S_4 \vee (P \oplus M))$$

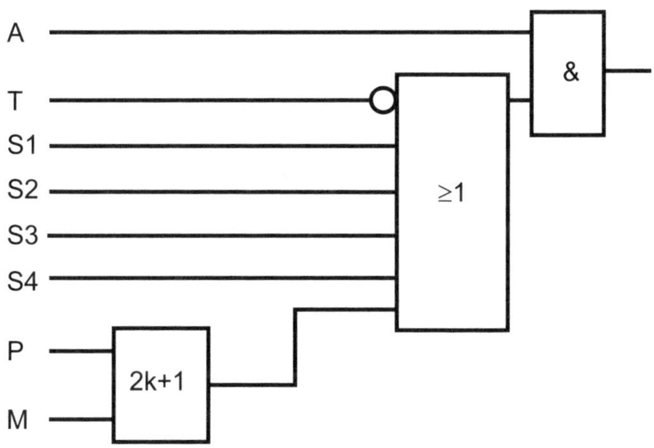


# 6.4 Lösungen zu Kapitel 5

### Lösung zu Aufgabe 5.1

a) $f(a, b) = ab \vee a\neg b$ wird wie folgt in eine KN umgeformt

$(a \vee a)\ (a \vee \neg b)\ (a \vee b)\ (b \vee \neg b) =$

$a\ (a \vee \neg b)\ (a \vee b)$

Die Klausel $(a \vee b)$ ist keine Hornklausel, da sie zwei nichtnegierte Literale enthält.

b) $f(a, b, c) = ab \leftrightarrow c$ wird wie folgt in eine KN umgeformt

$ab \leftrightarrow c =$

$(ab \rightarrow c)\ (c \rightarrow ab) =$

$(\neg(ab) \vee c)\ (\neg c \vee ab) =$

$(\neg a \vee \neg b \vee c)\ (\neg c \vee a)\ (\neg c \vee b)$

Keine Klausel enthält mehr als ein nichtnegiertes Literal, somit sind alle Klauseln Hornklauseln.

**Lösung zu Aufgabe 5.2**

a) Cabriofahrer, die jünger als 25 Jahre sind, sind Angeber und leichtsinnig.

Prädikate

Cabriofahrer(x)

jünger(25, x); möglich wäre auch das einstellige Prädikat jünger_als_25(x)

Angeber(x)

leichtsinnig(x)

Formulierung in Prädikatenlogik:

$\forall x(\text{Cabriofahrer}(x) \wedge \text{jünger}(25, x) \rightarrow \text{Angeber}(x) \wedge \text{leichtsinnig}(x))$

b) Der Vater des Vaters einer Person ist der Opa dieser Person.

Prädikate

Vater(x, y)

Opa(x, y)

Formulierung in Prädikatenlogik:

$\forall x\ \forall y\ \forall z\ (\text{Vater}(x, y) \wedge \text{Vater}(y, z) \rightarrow \text{Opa}(x, z))$

c) Alle Primzahlen, die größer als zwei sind, sind ungerade.

Prädikate:

Primzahl(x)

>(2, x); hier könnte auch ein einstelliges Prädikat, etwa größer_als_zwei(x), gewählt werden

ungerade(x)

Formulierung in Prädikatenlogik:

$\forall$x (Primzahl(x) $\wedge$ >(2, x) $\rightarrow$ ungerade(x))

d) Eine natürliche Zahl ist durch 3 teilbar genau dann, wenn ihre Quersumme durch 3 teilbar ist.

Prädikate:

Die Eigenschaft eines Objekts, eine natürliche Zahl zu sein, könnte zwar über ein Prädikat geprüft werden, sinnvoller ist aber eine Einschränkung des Individuenvariablenbereichs über den Quantor: $\forall x \in \mathbb{N}$. Man benötigt nun noch ein Prädikat und einen Funktor:

teilbar(3, x); möglich wäre hier auch durch_drei_teilbar(x)

Die Quersummenbildung wird über den Funktor Quersumme(x) dargestellt

Formulierung in Prädikatenlogik:

$\forall x \in \mathbb{N}$ (teilbar(3, x) $\leftrightarrow$ teilbar(3, Quersumme(x))

e) Eine Primzahl ist nur durch 1 oder sich selbst teilbar.

Prädikate:

Primzahl(x)

teilbar(x, y)

Formulierung in Prädikatenlogik:

$\forall$x Primzahl(x) $\leftrightarrow$ $\forall$y (teilbar(y, x) $\rightarrow$ (y = 1 $\vee$ y = x))

**Lösung zu Aufgabe 5.3**

a) Der Vater des Vaters einer Person ist der Opa dieser Person.

opa(X, Z) :- vater(X, Y), vater(Y, Z).

b) Alle Studenten, die Informatik oder Wirtschaftsinformatik studieren, sind fleißig.

fleißig(X) :- student(X, informatik).

fleißig(X) :- student(X, wirtschaftsinformatik).

**Lösung zu Aufgabe 5.4**

Zu dem PROLOG-Programm

(1) a :- c, b.

(2) b.

(3) c :- f.

(4) c :- d.

(5) d.

und den Anfragen ?-b, ?-a, und ?-f ergeben sich die folgenden Ableitungsbäume:

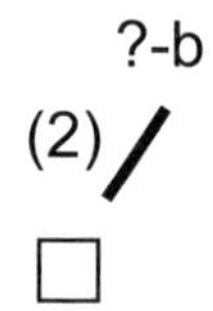


Die leere Klausel kann in einem Schritt hergeleitet werden. Antwort des PROLOG-Interpreters deswegen: *Yes*.

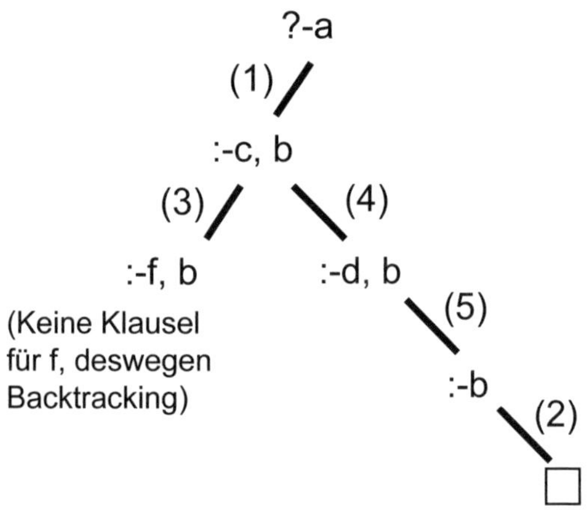


Die leere Klausel kann hergeleitet werden. Antwort des PROLOG-Interpreters deswegen: *Yes*.

?-f

(Keine Klausel für f)

Die leere Klausel kann nicht hergeleitet werden. Antwort des PROLOG-Interpreters deswegen: *No*.

**Lösung zu Aufgabe 5.5**

Gegeben war das folgende PROLOG-Programm

```
(1) p(gelb).
(2) p(gruen).
(3) h(X,Y) :- q(X,Z,X), r(Y).
(4) h(X,Y) :- r(X), s(Y).
(5) r(gelb).
(6) q(X,Y,Z) :- p(X), s(Y), r(Z).
(7) s(rot).
```

Es ergeben sich die folgenden Ausgaben zu den Anfragen:

a) ?-p(Farbe).

```
Farbe = gelb;
Farbe = gruen;
No
```

b) ?-h(gelb, Farbe2).

```
Farbe2 = gelb;
Farbe2 = rot;
No
```

c) ?-h(Farbe, Farbe).

```
Farbe = gelb;
No
```

d) ?-h(Farbe1, Farbe2).

```
Farbe1 = gelb
Farbe2 = gelb;
Farbe1 = gelb
Farbe2 = rot;
No
```

**Lösung zu Aufgabe 5.6**

Zunächst erfolgt die Formalisierung der einzelnen Fakten und Regeln. Hierzu gehen wir den Text Satz für Satz durch:

*Peter, Kevin und Tobias sind Studenten.*

student(peter).

student(kevin).

student(tobias).

*Ines und Gabi sind Krankenschwestern und haben blonde Haare. Petra ist auch Krankenschwester, hat aber schwarze Haare.*

krankenschwester(ines).

krankenschwester(gabi).

haarfarbe(ines, blond).

haarfarbe(gabi, blond).

krankenschwester(petra).

haarfarbe(petra, schwarz).

*Petra, Ines und Kevin sind sportlich.*

sportlich(petra).

sportlich(ines).

sportlich(kevin).

*Alle sportlichen Studenten fahren Snowboard.*

snowboardfahrer(X) :- student(X), sportlich(X).

*Krankenschwestern lieben Snowboardfahrer.*

liebt(X,Y) :- krankenschwester(X), snowboardfahrer(Y).

*Sportliche Studenten lieben aber nur Krankenschwestern mit blonden Haaren, die ebenfalls sportlich sind.*

liebt(X,Y) :- sportlich(X), student(X), krankenschwester(Y), haarfarbe(Y, blond), sportlich(Y).

*Zwei, die sich lieben, heiraten.*

heiratet(X, Y) :- liebt(X, Y), liebt(Y, X).

Das gesamte PROLOG-Programm sieht nun wie folgt aus:

```
student(peter).
student(kevin).
student(tobias).
krankenschwester(ines).
krankenschwester(gabi).
haarfarbe(ines, blond).
haarfarbe(gabi, blond).
krankenschwester(petra).
haarfarbe(petra, schwarz).
sportlich(petra).
sportlich(ines).
sportlich(kevin).
snowboardfahrer(X) :- student(X), sportlich(X).
liebt(X, Y) :- krankenschwester(X), snowboardfahrer(Y).
liebt(X, Y) :- sportlich(X), student(X), krankenschwester(Y), haarfarbe(Y, blond), sport-
lich(Y).
heiratet(X, Y) :- liebt(X, Y), liebt(Y, X).
```

Die Frage: „Wer heiratet Wen"? stellt sich nach Aufruf des PROLOG-Interpreters wie folgt:

```
?- heiratet(Wer, Wen).

Wer = ines
Wen = kevin;
```

Nach Eingabe des Semikolons an dieser Stelle kommt aufgrund der Tatsache, dass die Relation heiratet(X, Y) symmetrisch ist, als weitere Antwort:

```
Wer = kevin
Wen = ines;
```

Denn wenn Ines Kevin heiratet ist es natürlich auch richtig, dass Kevin Ines heiratet. Nach Eingabe eines weiteren Semikolons antwortet der Interpreter mit

No

Dies heißt, dass in der vorgegebenen Datenbasis keine weiteren Paare gefunden werden, die heiraten.

# 7 Literaturverzeichnis


**Böger, E.:** *Berechenbarkeit, Komplexität, Logik.* Vieweg Verlag, Braunschweig/Wiesbaden, 1998.

**Bronstein, I. N., Semendjajew, K. A., Musiol, G., Mühlig, H.:** *Taschenbuch der Mathematik*, Verlag Harri Deutsch, Thun/Frankfurt, 2000.

**Clocksin, W. F., Mellish, Ch. S..:** *Programming in Prolog*, Springer Verlag, Berlin/Heidelberg, 2003.

**Dieser, O.:** *Einführung in die Mengenlehre*, *Springer Verlag*, Berlin/Heidelberg, 2004.

**Ebbinghaus, H.-D., Flum, J., Thomas, W.:** *Einführung in die mathematische Logik*, Spektrum Akademischer Verlag, Heidelberg/Berlin, 1998.

**Ebbinghaus, H.-D.:** *Einführung in die Mengenlehre*, Spektrum Akademischer Verlag, Heidelberg/Berlin, 2003.

**Ehrig, H., Mahr, B., Cornelius, F. Große-Rhode, M., Zeitz, P.:** *Mathematisch-strukturelle Grundlagen der Informatik, Springer Verlag*, Berlin/Heidelberg, 2001.

**Gellert, W., Kästner, H., Hellwich, M.:** *Kleine Enzyklopädie Mathematik*, Verlag Harri Deutsch, Thun/Frankfurt, 1991.

**Hachenberger, D.:** *Mathematik für Informatiker*, Pearson Studium, München, 2005.

**Hald, A., Nevermann, W.:** *Datenbank-Engineering für Wirtschaftsinformatiker*, Vieweg Verlag, Braunschweig/Wiesbaden, 1995.

**Hanus, M.:** *Problemlösen mit PROLOG*, Teubner Verlag, Stuttgart, 1986.

**Hartmann, P.:** *Mathematik für Informatiker. Ein praxisbezogenes Lehrbuch*, Vieweg Verlag, Braunschweig/Wiesbaden, 2006.

**Heinemann, B., Weihrauch K.:** *Logik für Informatiker. Eine Einführung*, Teubner Verlag, Stuttgart, 1992.

**Jorke, G.:** *Rechnergestützter Entwurf digitaler Schaltungen,* Fachbuchverlag Leibzig im Hanser Verlag, München/Wien, 2004.

**Keller, J., Paul, W. J.:** *Hardware Design. Formaler Entwurf digitaler Schaltungen*, Teubner Verlag, Stuttgart/Leipzig/Wiesbaden, 2005.

**Kelly, J.**: *Logik im Klartex,* Pearson Studium, München, 2003.

**Kemper, A., Eickler, A.**: *Datenbanksysteme. Eine Einführung,* Oldenbourg Verlag, München/Wien, 2006.

**Kleinschmidt, P., Rank, Ch.**: *Relationale Datenbanksysteme. Eine praktische Einführung*, Springer Verlag, Berlin/Heidelberg 2004.

**Lämmel. U., Cleve J.**: *Lehr- und Übungsbuch Künstliche Intelligenz*, Fachbuchverlag Leibzig im Hanser Verlag, München/Wien, 2004.

**Lans R. F. van der:** *SQL: Der ISO- Standard*, Hanser Verlag, München/Wien, 1996.

**Lehmann, I., Schulz, W.**: *Mengen, Relationen, Funktionen. Eine anschauliche Einführung*, Teubner Verlag, Stuttgert/Leipzig/Wiesbaden, 2004.

**Liebig, H.**: *Logischer Entwurf digitaler Systeme*, Springer Verlag, Berlin/Heidelberg, 2006.

**Lipp, H., M., Becker J.**: *Grundlagen der Digitaltechnik*, Oldenbourg Verlag, München/Wien, 2005.

**Meier, A.**: *Relationale Datenbanken*, Springer Verlag, Berlin/Heidelberg, 2004

**Niemann, H., Bunke, H.**: *Künstliche Intelligenz in Bild- und Sprachanalyse*, Teubner Verlag, Stuttgart, 1987.

**Richter, M.**: *Logikkalküle*, Teubner Verlag, Stuttgart, 1978.

**Richter, R., Sander, P., Stucky, W.**: *Der Rechner als System,* Teubner Verlag, Stuttgart, 1997.

**Russell, S. J., Norvig, P.**: *Künstliche Intelligenz. Ein moderner Ansatz*, Pearson Studium, München, 2004.

**Schefe, P.**: *Künstliche Intelligenz, Überblick und Grundlagen*, BI Wissenschaftsverlag, Mannheim/Wien/Zürich, 1986.

**Schöning, U.**: *Logik für Informatiker*, Spektrum Akademischer Verlag, Heidelberg/Berlin, 2000.

**Steiner, R.**: *Grundkurs Relationale Datenbanken*, Vieweg Verlag, Braunschweig/Wiesbaden, 2006.

**Struckmann, W., Wätjen, D.**: *Mathematik für Informatiker. Grundlagen und Anwendungen*, Spektrum Akademischer Verlag, Heidelberg/Berlin, 2006.

**Tuschik, H.-P.,Wolter, H.**: *Mathematische Logik, kurzgefaßt. Grundlagen, Modelltheorie, Entscheidbarkeit, Mengenlehre*, Spektrum Akademischer Verlag, Heidelberg/Berlin, 2002.

**Wegener, I.**: *Theoretische Informatik – eine algorithmenorientierte Einführung*, Teubner Verlag, Stuttgart/Leipzig/Wiesbaden, 2005.

# 8 Index